反爬虫AST原理与还原混淆实战

微课视频版

李岳阳 卓斌 ◎ 著

清华大学出版社

北京

内 容 简 介

AST 是目前爬虫领域的热点。本书从 AST 这一个知识点出发，由浅入深，带领读者掌握反爬虫 AST 的原理，并帮助读者培养解决实际问题的能力。

本书共 11 章，分为四部分。第一部分(第 1～4 章)介绍开发环境的搭建方法、Web 调试的必备技巧以及爬虫与反爬虫的基本知识；第二部分(第 5～6 章)讲解混淆 JavaScript 代码的手工逆向方法与 JavaScript 代码安全防护的原理；第三部分(第 7～8 章)讲解 AST 的原理与 API 的使用方法；第四部分(第 9～11 章)以 AST 为基础，讲解自动化的 JavaScript 代码防护与还原方案，并带领读者进行实战训练。

本书适合作为计算机培训的教材，也可供安全开发人员、爬虫初学者以及想要在爬虫领域进阶的人员学习。

本书封面贴有清华大学出版社防伪标签，无标签者不得销售。
版权所有，侵权必究。举报：010-62782989，beiqinquan@tup.tsinghua.edu.cn。

图书在版编目(CIP)数据

反爬虫 AST 原理与还原混淆实战：微课视频版/李岳阳，卓斌著．—北京：清华大学出版社，2021.7 (2024.3重印)

(清华科技大讲堂)
ISBN 978-7-302-58517-6

Ⅰ．①反… Ⅱ．①李… ②卓… Ⅲ．①软件工具－程序设计 Ⅳ．①TP311.561

中国版本图书馆 CIP 数据核字(2021)第 122744 号

责任编辑：闫红梅
封面设计：刘　键
责任校对：胡伟民
责任印制：曹婉颖

出版发行：清华大学出版社
网　　址：https://www.tup.com.cn,https://www.wqxuetang.com
地　　址：北京清华大学学研大厦 A 座　　邮　编：100084
社 总 机：010-83470000　　邮　购：010-62786544
投稿与读者服务：010-62776969, c-service@tup.tsinghua.edu.cn
质量反馈：010-62772015, zhiliang@tup.tsinghua.edu.cn
课件下载：https://www.tup.com.cn,010-83470236

印 装 者：三河市龙大印装有限公司
经　　销：全国新华书店
开　　本：185mm×260mm　　印　张：15.75　　字　数：390 千字
版　　次：2021 年 8 月第 1 版　　印　次：2024 年 3 月第 4 次印刷
印　　数：4401～5200
定　　价：59.00 元

产品编号：090079-01

序

爬虫工程师凭借其入行门槛低、就业前景广、应用领域宽和平均薪资高等诸多优势，吸引了大批软件工程师或希望实现跨行业就业的高端人才。随着爬虫工程师队伍的壮大，相应地，诸多网站的反爬虫策略也在不断升级，从基础的 Headers 头部校验、IP 地址记录、字体反爬虫和验证码反爬虫等，到较为复杂的 JavaScript 参数加密、JavaScript 反调试和 AST 混淆等高级技术。

数据作为企业的核心资产，一定是被重点保护的对象。很多企业在核心内容被盗取、服务器不堪重负影响正常运营、饱受爬虫侵扰之后，会购买和使用第三方开发的商业化反爬虫方案。这些商业化方案一般包含更为深入的设备环境检测、自建（风险）IP 库及其他特征库，甚至声称拥有人工智能模型，能对流量中的业务事件轨迹等行为数据进行建模分析，从而识别出异常模式，构造具有自进化能力的安全模型。这些防护手段的技术十分基础，大部分在本书中会有介绍和分析。

反爬虫方案一般会将在客户端环境运行的防护代码经过 JavaScript 代码混淆、执行流保护、AST 自动化 JavaScript 防护等技术手段进行"加固"。如果可以看到在客户端运行的源代码，就可以轻松绕过这些防护手段，所以本书还介绍混淆 JavaScript 代码的逆向方法、AST 抽象语法树的原理和实现、AST 的 API 和 Babel、AST 自动化 JavaScript 还原方案及 AST 还原 JavaScript 实战等技术。

相信读者在学习完本书之后，会对反爬虫 AST 的原理有较为深入的理解，切实提高对混淆后的代码进行还原的能力。

r0ysue

2021 年 4 月 1 日 于四川甘孜稻城

前言

为什么要写这样一本书？

现在市面上的爬虫书籍数不胜数，可是学完基础，想要在爬虫领域继续向前深入的时候，就进入了一片荒芜之地。这片土地上有许多分支，如 Android 爬虫、JavaScript 逆向和各类验证码破解等。想要在一个章节或者是一本书内讲完所有进阶的知识是不可能的，因为这每一个分支中所涉及的技术大相径庭。

本书专注反爬虫 AST 这一小点，同时，这也是难点。由于读者的水平参差不齐，写书必须兼顾基础薄弱的读者，因而在开始的篇章里会介绍必要的爬虫和反爬虫技术，零基础的读者务必从头开始阅读。

这本书算是一个简单的尝试。我和卓斌大哥（花名小肩膀）在开始编写本书之前，已经有了多年网络爬虫、JavaScript 逆向、安卓逆向和验证码识别的教学经验。疫情期间，我对卓斌大哥说"写本书吧"，他说"好"，于是就开始了本书的编写之旅。初期我们信心十足，但在实际编写的时候，却疑虑重重，这个知识点到底该不该这样写、加不加。这段日子对第一次写书的我们可以说是煎熬的，但同时也让我们收获了很多。

本书共 11 章，第 1～5 章和第 7 章由李岳阳写就，第 6 章、第 8 章、第 9 章、第 11 章由卓斌大哥编写，第 10 章由两人合写。本书主要围绕反爬虫 AST 手段进行讲解，帮助读者解决在爬虫过程中遇到的混淆难题。本书源代码等资源请扫描封底的"资源下载"二维码，在公众号"书圈"下载。本书配套视频请先扫描封底刮刮卡中的二维码，再扫描书中相应章节中的二维码观看。

写书是每一个有志于教学之路的人的梦想，编者水平有限，深知第一次的尝试不会尽善尽美，不过其中的知识点是丰富的，相信会让读者有所收获。

李岳阳

2021 年 3 月 30 日

目 录

第 1 章　搭建开发环境 ··· 1

1.1　Node.js 环境搭建 ··· 1

　　1.1.1　Node.js 安装配置 ··· 1

　　1.1.2　Babel 安装 ··· 6

　　1.1.3　Visual Studio Code 安装配置 ····································· 6

1.2　Python 环境配置 ··· 7

　　1.2.1　Python 3.7 安装 ··· 8

　　1.2.2　requests 请求库安装 ··· 10

　　1.2.3　bs4 解析库安装 ··· 10

1.3　Fiddler 抓包工具 ··· 11

1.4　AST Explorer 网站在线生成抽象语法树 ····························· 12

1.5　小结 ·· 13

1.6　习题 ·· 13

第 2 章　Web 网站的调试与抓包分析 ··· 14

2.1　Chrome 开发者工具 ··· 14

　　2.1.1　Elements 面板 ·· 14

　　2.1.2　Console 面板 ·· 16

　　2.1.3　Sources 面板 ·· 18

　　2.1.4　Network 面板 ·· 23

　　2.1.5　Application 面板 ··· 24

2.2　JS 逆向调试技巧 ··· 25

　　2.2.1　善用搜索 ·· 26

　　2.2.2　查看请求调用堆栈 ·· 26

　　2.2.3　XHR 请求断点 ·· 27

　　2.2.4　Console 插桩 ··· 27

　　2.2.5　堆内存函数调用 ·· 27

　　2.2.6　复制 Console 面板输出 ·· 28

2.3　本地覆盖 ·· 28

　　2.3.1　Chrome local override ··· 28

        2.3.2　Fiddler 自动响应 ··· 30
　　2.4　Ajax-hook ··· 30
        2.4.1　Ajax-hook 源码分析 ·· 31
        2.4.2　Ajax-hook 拦截 ·· 34
　　2.5　网易易盾滑块验证码调试分析 ··· 35
　　2.6　小结 ·· 39
　　2.7　习题 ·· 40

第 3 章　爬虫与反爬虫 ·· 41
　　3.1　网络爬虫 ·· 41
        3.1.1　网络爬虫原理 ·· 41
        3.1.2　网络爬虫分类 ·· 46
        3.1.3　网络爬虫与搜索引擎 ··· 48
　　3.2　编写网络爬虫 ··· 48
        3.2.1　requests 请求库的使用 ·· 48
        3.2.2　bs4 解析库的使用 ·· 49
        3.2.3　编写简单网络爬虫 ·· 50
　　3.3　爬虫与反爬虫的博弈 ·· 52
　　3.4　小结 ·· 54
　　3.5　习题 ·· 54

第 4 章　常规反爬虫技术 ·· 55
　　4.1　Headers 头部校验 ·· 55
　　4.2　IP 地址记录 ··· 56
　　4.3　Ajax 异步加载 ·· 59
　　4.4　字体反爬虫 ··· 60
　　4.5　验证码反爬虫 ··· 62
　　4.6　JS 参数加密 ··· 63
　　4.7　JS 反调试 ·· 68
　　4.8　AST 混淆反爬虫 ··· 69
　　4.9　小结 ·· 70
　　4.10　习题 ··· 70

第 5 章　混淆 JS 手动逆向方法 ·· 71
　　5.1　混淆脚本分析 ··· 71
        5.1.1　定位加密入口 ·· 71
        5.1.2　混淆特征分析 ·· 73
        5.1.3　加密函数还原 ·· 75
　　5.2　小结 ·· 82

5.3 习题·· 82

第 6 章　JS 代码安全防护原理·· 83

6.1 常量的混淆原理··· 83
  6.1.1 对象属性的两种访问方式·· 84
  6.1.2 十六进制字符串··· 85
  6.1.3 unicode 字符串··· 85
  6.1.4 字符串的 ASCII 码混淆·· 87
  6.1.5 字符串常量加密··· 88
  6.1.6 数值常量加密·· 89

6.2 增加 JS 逆向者的工作量·· 90
  6.2.1 数组混淆·· 90
  6.2.2 数组乱序·· 91
  6.2.3 花指令·· 92
  6.2.4 jsfuck··· 94

6.3 代码执行流程的防护原理·· 95
  6.3.1 流程平坦化··· 95
  6.3.2 逗号表达式混淆··· 99

6.4 其他代码防护方案··· 103
  6.4.1 eval 加密·· 103
  6.4.2 内存爆破··· 104
  6.4.3 检测代码是否格式化··· 105

6.5 小结·· 106
6.6 习题·· 106

第 7 章　AST 抽象语法树的原理与实现·· 107

7.1 理解 AST 抽象语法树·· 107
  7.1.1 AST 基本概念·· 107
  7.1.2 AST 在编译中的位置·· 107
  7.1.3 AST 程序开发·· 108

7.2 词法分析·· 109
  7.2.1 词法分析基本原理·· 109
  7.2.2 Python 编写词法分析器·· 110

7.3 语法分析·· 113
  7.3.1 语法分析基本原理·· 113
  7.3.2 Python 编写语法分析器·· 115

7.4 Babel 编译步骤·· 119
  7.4.1 Babel 的解析··· 120
  7.4.2 Babel 的转化··· 120

7.4.3 Babel 的生成 …………………………………………………………… 120
7.5 小结 …………………………………………………………………………… 120
7.6 习题 …………………………………………………………………………… 121

第 8 章 AST 的 API 详解 …………………………………………………………… 122

8.1 AST 入门 ……………………………………………………………………… 122
 8.1.1 AST 的基本结构 ……………………………………………………… 122
 8.1.2 代码的基本结构 ……………………………………………………… 127
8.2 Babel 中的组件 ……………………………………………………………… 127
 8.2.1 parser 与 generator ………………………………………………… 127
 8.2.2 traverse 与 visitor ………………………………………………… 128
 8.2.3 types 组件 …………………………………………………………… 131
8.3 Path 对象详解 ………………………………………………………………… 137
 8.3.1 Path 与 Node 的区别 ………………………………………………… 137
 8.3.2 Path 中的方法 ………………………………………………………… 138
 8.3.3 父级 Path ……………………………………………………………… 144
 8.3.4 同级 Path ……………………………………………………………… 145
8.4 scope 详解 …………………………………………………………………… 149
 8.4.1 获取标识符作用域 …………………………………………………… 150
 8.4.2 scope.getBinding …………………………………………………… 151
 8.4.3 scope.getOwnBinding ……………………………………………… 152
 8.4.4 referencePaths 与 constantViolations ………………………… 154
 8.4.5 遍历作用域 …………………………………………………………… 155
 8.4.6 标识符重命名 ………………………………………………………… 156
 8.4.7 scope 的其他方法 …………………………………………………… 157
8.5 小结 …………………………………………………………………………… 158
8.6 习题 …………………………………………………………………………… 159

第 9 章 AST 自动化 JS 防护方案 ………………………………………………… 160

9.1 混淆前的代码处理 …………………………………………………………… 160
 9.1.1 改变对象属性访问方式 ……………………………………………… 160
 9.1.2 JS 标准内置对象的处理 ……………………………………………… 161
9.2 常量与标识符的混淆 ………………………………………………………… 162
 9.2.1 实现数值常量加密 …………………………………………………… 162
 9.2.2 实现字符串常量加密 ………………………………………………… 163
 9.2.3 实现数组混淆 ………………………………………………………… 164
 9.2.4 实现数组乱序 ………………………………………………………… 166
 9.2.5 实现十六进制字符串 ………………………………………………… 167
 9.2.6 实现标识符混淆 ……………………………………………………… 168

9.2.7 标识符的随机生成 …… 171
9.3 代码块的混淆 …… 172
    9.3.1 二项式转函数花指令 …… 172
    9.3.2 代码的逐行加密 …… 174
    9.3.3 代码的逐行 ASCII 码混淆 …… 176
9.4 完整的代码与处理后的效果 …… 177
9.5 代码执行逻辑的混淆 …… 185
    9.5.1 实现流程平坦化 …… 185
    9.5.2 实现逗号表达式混淆 …… 189
9.5 小结 …… 193
9.6 习题 …… 193

第 10 章 AST 自动化 JavaScript 还原方案 …… 194

10.1 常用还原方案 …… 194
    10.1.1 还原数值常量加密 …… 194
    10.1.2 还原代码加密与 ASCII 码混淆 …… 195
    10.1.3 还原 unicode 与十六进制字符串 …… 196
    10.1.4 还原逗号表达式混淆 …… 197
10.2 Chrome 拓展开发入门 …… 199
    10.2.1 Chrome 拓展程序 …… 199
    10.2.2 Chrome 拓展开发之去除广告插件 …… 201
10.3 JS Hook …… 201
    10.3.1 JS Hook 原理与作用 …… 201
    10.3.2 JS Hook 对象属性 …… 202
    10.3.3 JS 自动注入 Hook …… 203
10.4 DOM 对象的 Hook …… 204
    10.4.1 Script 自动加载 …… 204
    10.4.2 Hook DOM …… 204
    10.4.3 JS Proxy …… 206
10.5 原型链 …… 206
10.6 XHR Hook …… 208
10.7 JS Hook 的检测 …… 208
10.8 小结 …… 209
10.9 习题 …… 209

第 11 章 AST 还原 JS 实战 …… 210

11.1 分析网站使用的混淆手段 …… 210
    11.1.1 协议分析 …… 210
    11.1.2 数组乱序 …… 211

11.1.3　字符串加密 ………………………………………………………… 213
　　　11.1.4　花指令 …………………………………………………………… 215
　　　11.1.5　流程平坦化 ………………………………………………………… 216
　11.2　还原代码中的常量 …………………………………………………………… 218
　　　11.2.1　整体代码结构 ……………………………………………………… 218
　　　11.2.2　字符串解密与去除数组混淆 ………………………………………… 218
　11.3　剔除花指令 …………………………………………………………………… 220
　　　11.3.1　花指令剔除思路 …………………………………………………… 220
　　　11.3.2　字符串花指令的剔除 ……………………………………………… 222
　　　11.3.3　函数花指令的剔除 ………………………………………………… 224
　11.4　还原流程平坦化 ……………………………………………………………… 228
　　　11.4.1　获取分发器 ………………………………………………………… 228
　　　11.4.2　解析switch结构 …………………………………………………… 228
　　　11.4.3　复原语句顺序 ……………………………………………………… 231
　　　11.4.4　协议逆向 …………………………………………………………… 232
　11.5　小结 …………………………………………………………………………… 236
　11.6　习题 …………………………………………………………………………… 236

第1章 搭建开发环境

在正式开始本书的代码编写与实战之前,需要搭建好指定的开发环境。接下来,将主要介绍搭建 JavaScript(后文简称 JS)与 Python 语言的运行环境、安装 Visual Studio Code 代码编辑器和 Fiddler 抓包工具以及使用 AST Explorer 网站生成抽象语法树的方法。

1.1 Node.js 环境搭建

Node.js 是一个基于 Chrome V8 引擎的 JS 运行环境。因为 Chrome V8 引擎在执行的时候会将 JS 编译为本地机器代码,所以它能够快速地编译和执行 JS。此外,Node.js 的包管理器 npm 做到了包和开发项目的分装隔离,防止了版本的混淆,很大程度上方便了开发者对依赖的寻找和安装。本书的 JS 脚本文件都会运行在 Node.js 的环境下,接下来将介绍如何安装 Node.js 并运行第一个 Nodo.js 程序。

1.1.1 Node.js 安装配置

本节的安装教程以 Node.js 12.18.2 LTS(长期支持版)为例。

Node.js 的各版本安装包与源代码位于 https://nodejs.org/en/download/,读者可以根据自身的操作系统选择对应版本,这里以 Windows 64 位系统的下载安装为主,步骤如下。

(1) 进入下载页面,选择图 1-1 中对应 Windows 64 位系统的安装包。

(2) 下载完毕后,运行安装包,出现如图 1-2 所示的欢迎界面,接着一直单击 Next 按钮即可。

(3) 当遇到图 1-3 中的协议时,勾选 I accept the terms in the License Agreement 选项并单击 Next 按钮。在选择下载路径的时候,建议选择 C 盘以外的地址,且应尽量避免出现中文路径名,这里选择下载路径为 D:\nodeJS\,如图 1-4 所示。之后一直单击 Next 按钮直到出现 Install 按钮为止。

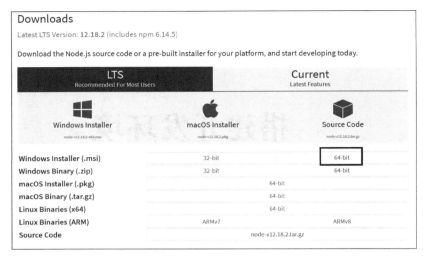

图 1-1　下载安装 Node.js

图 1-2　Node.js 欢迎界面

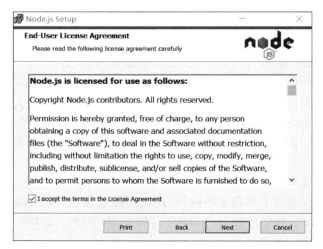

图 1-3　Node.js 协议

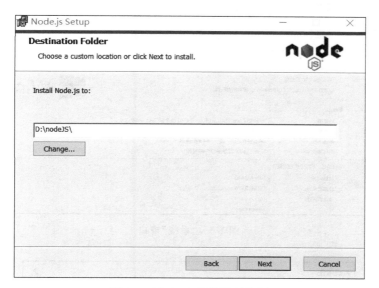

图1-4　Node.js安装路径选择

（4）单击Install按钮后，安装成功页面如图1-5所示，单击Finish按钮即可完成安装。

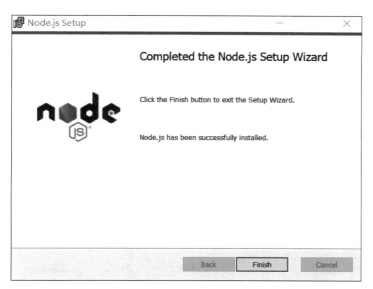

图1-5　Node.js安装完成

在成功安装Node.js之后，为了能够在cmd命令行中直接使用Node.js运行JS脚本文件，需要将Node.js配置到系统环境变量中，步骤如下。

（1）打开"控制面板"，单击"所有控制面板项"→"系统"→"高级系统设置"选项，如图1-6所示。

（2）在弹出的"系统属性"对话框中，单击"环境变量"选项，如图1-7所示。

（3）如图1-8所示，在弹出的"环境变量"对话框中，选择"系统变量"中的Path变量，双

图 1-6 "系统"窗口

图 1-7 "系统属性"对话框

击后弹出如图 1-9 所示的"编辑环境变量"对话框。

（4）单击"新建"选项，将上文中安装 Node.js 的路径添加进去，这里是"D:\nodeJS"，输入完毕后单击"确认"按钮。

（5）打开 cmd 命令行，输入"node-v"，按 Enter 键。如果显示出版本号 12.18.2，则说明 Node.js 环境变量配置成功。

第1章 搭建开发环境

图 1-8 "环境变量"对话框

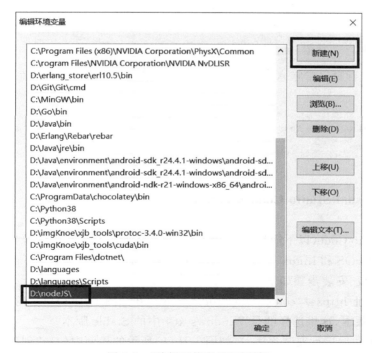

图 1-9 "编辑环境变量"对话框

1.1.2 Babel 安装

Babel 是一个 JS 的编译器，它能够将 ECMAScript 2015＋ 版本的代码转化为向后兼容的 JS 语法，使得 JS 代码不论在新版本还是旧版本的浏览器，或是 Node 下都可以运行。除了语法兼容，Babel 能够做的事情还有很多，如 @babel/parser 可以为 JS 添加自定义的语法，@babel/generator 可以将 JS 转化为另外一门完全不同的语言等。本书主要用它来开发插件，编译 JS 代码，从而实现 JS 的混淆保护与混淆还原。

在成功安装 Node.js 并且成功配置系统环境变量的情况下，在 cmd 命令行中运行以下四句命令：

```
npm install @babel/parser
npm install @babel/traverse
npm install @babel/types
npm install @babel/generator
```

这分别是 Babel 四个组件的安装命令，具体的使用将在第 8 章中进行说明。为了检验 Babel 组件安装的完整性，编写一个简单的测试用例 test.js，前四句分别导入了 Babel 的四个组件，最后一句使用输出方法输出字符串，代码如下：

```
const parser = require("@babel/parser");
const traverse = require("@babel/traverse").default;
const generator = require("@babel/generator").default;
const types = require("@babel/types");
console.log("test success!");
```

在 cmd 命令行窗口中输入命令"node test.js"，如果显示出下方的结果，则说明 Babel 组件安装无误。

```
C:\Users\zhuli02> node test.js
test success!
```

1.1.3 Visual Studio Code 安装配置

Visual Studio Code（以下简称 Vscode）是一个轻量级但功能强大的源代码编辑器，适用于 Windows、MacOS 和 Linux 等多个操作系统。本书的 JS 代码与 Python 代码都将在其中编写，具体的下载、安装步骤如下。

(1) 打开网址 https://code.visualstudio.com/，在如图 1-10(a)所示的界面中选择适合系统的 Vscode 版本，这里选择的是 Windows x64 中的 Stable 版本。

(2) 下载成功后运行安装程序，在如图 1-10(b)所示的界面中勾选"创建桌面快捷方式"和"添加到 PATH"复选框，然后单击"下一步"按钮进行安装。

(3) 安装成功后，Vscode 会自动启动，展示出如图 1-11 所示的主界面。

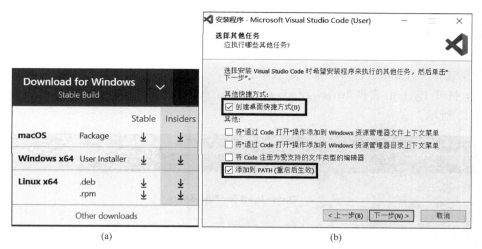

(a)　　　　　　　　　　　　　　(b)

图 1-10　Vscode 下载与安装配置

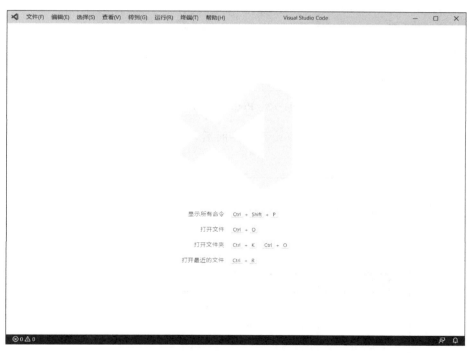

图 1-11　Vscode 主界面

1.2　Python 环境配置

　　Python 是一个语法简洁优雅、上手容易、开发迅速的面向对象的脚本语言。本书后续章节会使用 Python 来编写简单的解析器，用来理解编译流程以及 Babel 在编译 JS 代码时的内部原理。首先需要成功安装 Python 到本地计算机。

1.2.1 Python 3.7 安装

这里选择 Python 3.7.5 作为安装版本。

(1) 打开 Python 官网 https://www.python.org/，单击 Downloads→Windows 选项，如图 1-12 所示。

图 1-12 Python 官网下载

(2) 进入 Windows 版本的 Python 下载界面后，找到如图 1-13 所示的 Python 3.7.5，下载图中被框住的可执行文件。

图 1-13 下载 Python 3.7.5

(3) 下载完毕后，单击运行该文件，出现如图 1-14 所示的安装界面，勾选 Add Python 3.7 to PATH 复选框，这相当于在系统中添加环境变量。如果忘记勾选，可以参照 Node.js 的环境变量配置进行添加。然后单击 Customize installation 选项进行自定义安装。

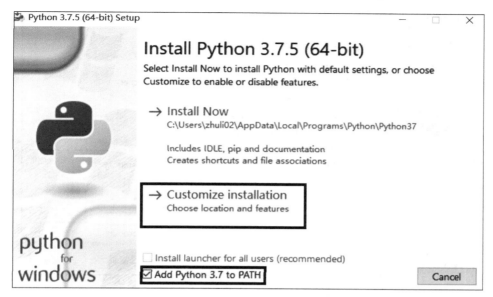

图 1-14　Python 3.7.5 安装界面

（4）在如图 1-15 所示的界面中，勾选 pip、td/tk and IDIE 和 Python test suite 复选框，单击 Next 按钮。进入如图 1-16 所示的界面后，选择 C 盘以外的路径作为 Python 安装目录，这里选择的路径为 D:\python3，最后单击 Install 按钮。

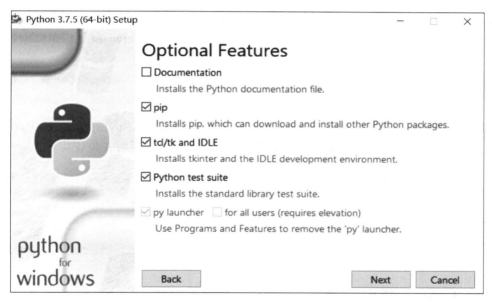

图 1-15　Python 3.7.5 可选功能

（5）打开 cmd 命令行窗口，输入"python"，如果没有报错，则说明 Python 安装成功。

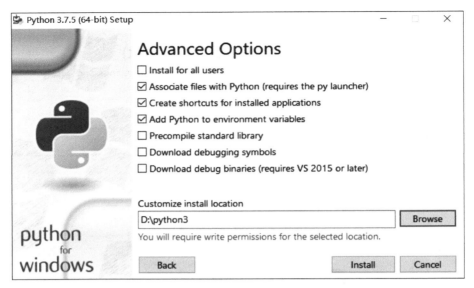

图 1-16　Python 3.7.5 路径选择

1.2.2　requests 请求库安装

Python 能够作为当下编写网络爬虫的首选语言，很大程度上是因为其人性化的第三方库，requests 请求库便是其中的佼佼者。requests 请求库主要用来发起 HTTP 请求，包括获取网页源代码、模拟登录等。如果要安装这个第三方库，需要在 cmd 命令行窗口中输入以下命令：

```
pip install requests
```

如果要测试它是否安装完整，可以在 cmd 命令行窗口中输入"python"，进入 Python 解释器。输入 requests 导入命令后按 Enter 键，如果没有报错，则说明安装成功。

```
Python 3.7.5 (tags/v3.7.5:fa919fd, Oct 14 2019, 19:21:23) [MSC v.1916 32 bit (Intel)] on win32
Type "help", "copyright", "credits" or "license" for more information.
>>> import requests
>>>
```

1.2.3　bs4 解析库安装

在编写网络爬虫的时候，仅依赖 requests 发起请求、获取源代码是不够的，还需要在下载源代码后，对 HTML 语法树进行解析，从 DOM 树中进一步定位、爬取需要的信息，这时就需要用到 bs4 了。它是一个可以从 HTML 或 XML 文件中提取数据的 Python 解析库。如果要安装它，需要在 cmd 命令行窗口中输入以下命令：

```
pip install bs4 lxml
```

如果要测试它是否安装完整,可以在 cmd 命令行窗口中输入"python",进入 Python 解释器。然后输入如下所示的代码,如果没有报错,则说明安装成功。

```
Python 3.7.5(tags/v3.7.5:fa919fd, Oct 14 2019, 19:21:23) [MSC v.1916 32 bit (Intel)] on win32
Type "help", "copyright", "credits" or "license" for more information.
>>> import bs4
>>>
```

1.3 Fiddler 抓包工具

Fiddler 是一款免费且强大的 HTTP 协议调试工具,它能够抓取浏览器在互联网上的 HTTP 通信。通过配置后,HTTP 数据包也能够被它截获。此外,它还能被用于手机 App 的抓包、断点调试、模拟请求等一系列操作。Fiddler 的下载、安装步骤如下。

(1)进入官网 https://www.telerik.com/download/fiddler,填写三个必要文本框并勾选下边的复选框后,单击 Download for Windows 按钮,如图 1-17 所示。

图 1-17　Fiddler 下载

(2)下载完毕后运行安装程序,选择路径时,选择 C 盘以外的路径,单击 Intall 按钮完成安装,如图 1-18 所示。

(3) 成功安装后，会显示 Fiddler 抓包工具的主界面，如图 1-19 所示。

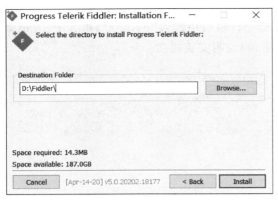

图 1-18　安装 Fiddler　　　　　　　　　　　图 1-19　Fiddler 主窗口

(4) 单击主窗口左下角的空白区域或者按 F12 键就可以开启 HTTP 网页抓包。

1.4　AST Explorer 网站在线生成抽象语法树

AST Explorer 网站生成和分析 AST。输入 JS 代码后，它可以在线生成 AST 抽象语法树。除了 JS 之外，它还实现了包括 Go 语言在内的众多语言的 AST 分析。

如图 1-20 所示，网站有四个部分需要了解。语言选择用于切换编程语言，默认为解析 JS 语言；编译器选择用来切换解析代码的编译器，不同编译器会得到不同的 AST 抽象语法树；代码输入框用来输入要转化的代码；AST 抽象语法树展示框会将代码转化为 AST 抽象语法树，便于观察和分析代码结构。

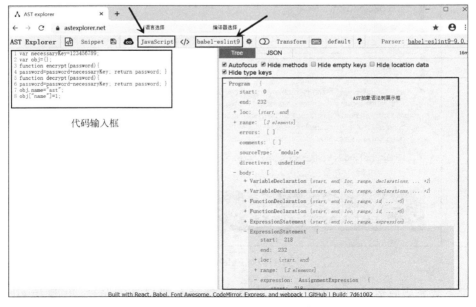

图 1-20　AST Explorer 网站

在代码输入框中输入以下 JS 代码进行测试，观察不同语句所对应的 AST 抽象语法树。

```
var necessaryKey = 123456789;
var obj = {};
function encrypt(password){
        password = password + necessaryKey; return password; }
function decrypt(password){
        password = password - necessaryKey; return password; }
obj.name = "ast";
obj["name"] = 1;
```

选择 AST Explorer 网站进行抽象语法树分析的原因是：它方便快捷，不需要编写代码就可以实现语法树的生成；它的语法树界面对开发者友好，节点嵌套，可以自由开合，便于观察分析。

1.5 小结

本章主要讲解了开发环境的搭建。首先介绍了 Node.js 的安装；接着安装了 Babel 组件和 Vscode 代码编辑器，方便编写 JS 脚本文件；然后搭建了 Python 的开发环境和爬虫开发所需的请求库和解析库，以便后期使用 Python 编写网络爬虫和开发编译器；之后安装了 Fiddler 抓包工具；最后介绍了 AST Explorer 在线抽象语法树生成网站。本章讲解的内容是后续所有开发工作的基石。

1.6 习题

1. 使用 AST Explorer 网站生成任意代码抽象语法树，并描述语法树的树状结构。
2. 使用 Vscode 编写 JS 或者 Python 测试用例，并检查环境是否配置完成。
3. 使用 Fiddler 抓包工具抓取百度首页 HTTP 数据包。

第2章 Web网站的调试与抓包分析

本章主要讲解 Web 调试与抓包技术，使读者学会对网站进行静态分析与 HTTP 数据抓包，从而为后续反爬虫相关技术的学习打下坚实基础。

2.1 Chrome 开发者工具

Google Chrome 浏览器中内置了一套强大的开发者工具，不论是做源码分析还是 JS 脚本调试都是比较方便的。要进行抓包或者调试前端的加密脚本，和控制台的交互必不可少。不少做了安全防护的网站都会禁止用户打开 Chrome 开发者工具，下面总结所有 Chrome 控制台的打开方法。

（1）按 F12 键。
（2）按 Ctrl+Shift+I 组合键。
（3）右击网页页面，出现菜单后，单击"检查"菜单项。
（4）在浏览器中，单击"自定义及控制 Google Chrome"→"更多工具"→"开发者工具"选项。
（5）在浏览器中新建窗口，使用上述任意方法打开开发者工具，再切换回要调试的页面。

接下来，介绍 Chrome 开发者工具的各大面板以及常用方法。图 2-1 是百度搜索页面的开发者工具窗口，它有多个面板，需要了解和掌握的是 Elements、Console、Sources、Network 与 Application 面板。

2.1.1 Elements 面板

Elements 面板中，左侧显示页面源代码的 DOM 树，可以在这里对页面源代码进行增、删、改、查等操作，右侧展示被选中页面节点的层叠样式表（Cascading Style Sheets，CSS），

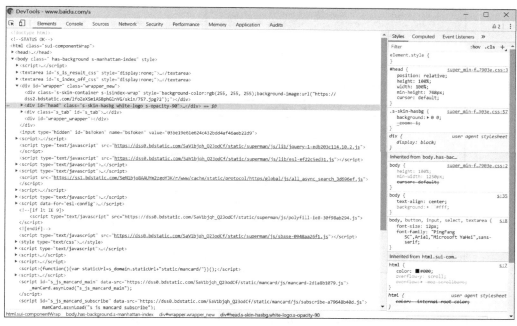

图 2-1　百度搜索的开发者工具窗口

它主要用来对页面进行修饰美化。值得注意的是，左侧显示的页面源代码并非原始代码，而是和 HTML、CSS 与 JS 结合的结果。获取原始网页源代码，有以下两种方式。

（1）右击网页页面空白处，单击"查看网页源代码"菜单项，或者按 Ctrl+U 键。

（2）切换到 Sources 面板，选择左栏中包含网页地址的 HTML 文件。

如果想要隐藏网页中展示的节点，如一些容易误触的广告，只需要选中 Elements 面板中对应的代码节点后，按 H 键。日常开发中使用的组合键，如 Ctrl+C 键和 Ctrl+V 键等，也都可以在 Elements 面板中使用。也就是说，在 Elements 面板中可以对网页进行自由调整和编辑。

在日常的爬虫开发中，需要与源代码打交道的地方大多数是页面元素的定位。Chrome 开发者工具内置了一套定位工具，只需要在 Elements 面板中按 Ctrl+F 键，就会在源代码下方出现如图 2-2 所示的调试框，可以在其中编写 CSS 选择器语法或 Xpath 语法，实时地对页面节点进行定位。

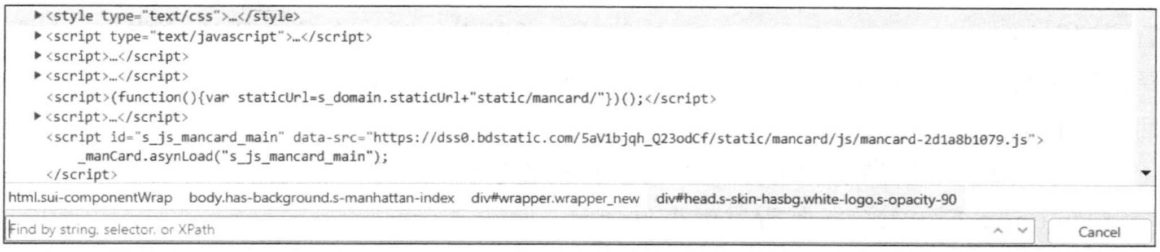

图 2-2　网页节点调试框

如果要快速复制页面节点的路径，可以右击要定位的节点，再单击 Copy 菜单项，其中有多种可供选择的网页页面定位语法，如图 2-3 所示。

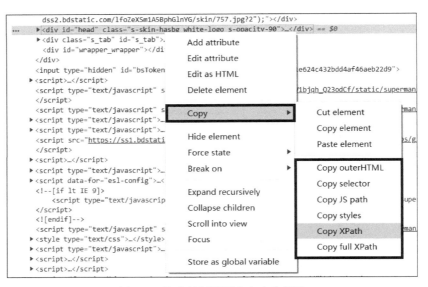

图 2-3　快速复制网页节点定位语法

此外,断点操作是进行代码调试和分析时的必要操作。在 Elements 面板中可以进行 DOM 断点分析,右击页面任意节点,会发现 Break on 菜单项中有以下三种断点。

(1) subtree modifications:在节点子树发生修改时断点。

(2) attribute modifications:在节点属性发生修改时断点。

(3) node removal:在节点被移除时发生断点。

更具体的断点操作将在 2.1.3 节进行说明。

2.1.2　Console 面板

Console 面板是与网页进行交互的控制台窗口,它用于显示 DOM 对象信息和调试 JS 代码,熟练使用它将会大大提升开发速度。

在 Console 面板中操作节点时,通常需要先定位到页面节点,才可以进行节点操作。输入"＄0"可以对当前选中的页面节点进行引用,输入"＄1"可以对上一次选择的节点进行引用,以此类推,输入可以一直回溯到"＄4"。

也可以使用 CSS 选择器语法对节点进行操作。复制需要定位的网页节点的 selector 路径后,使用 document.querySelector 或者 ＄ 方法可以定位第一个符合语法的节点。如果要选择所有符合 CSS 选择器语法的节点,可以使用 document.querySelectorAll 或者 ＄＄ 方法返回一个符合语法的节点数组。

Console 面板中提供了多种方法来观察和检查事件监听器,常用的方法如下:

(1) monitorEvents():监听目标事件信息。

(2) unmonitorEvents():停止监听。

(3) getEventListeners():获取 DOM 节点的监听器。

monitorEvents()的第一个参数是要监听事件的对象,第二个参数是要监听的事件字符串或者字符串数组。以监听百度首页的"百度一下"按钮为例,代码如下:

```
var btn = document.querySelector("#su");
monitorEvents(btn,"click");
```

只要没有取消对目标节点的事件监听,在每次和页面交互时,控制台都会输出监听信息。

要停止监听事件,需要使用 unmonitorEvents()方法,参数是要停止事件监听的页面节点,例如:

```
unmonitorEvents(btn);
```

getEventListeners()方法的参数是网页页面节点,它返回在节点上注册事件的监听器,其中会包含每个已经注册事件类型的数组。例如,以下代码会监听"百度一下"按钮已注册事件的监听器。

```
getEventListeners(btn);
```

控制台返回的内容如图 2-4 所示,每个数组成员都是对象,描述每种类型的已注册监听器。

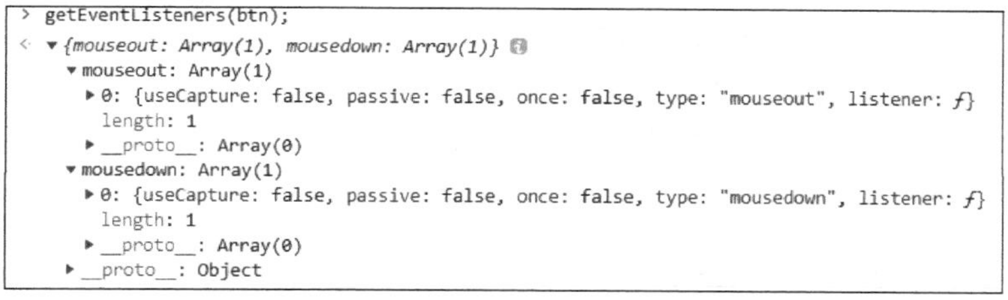

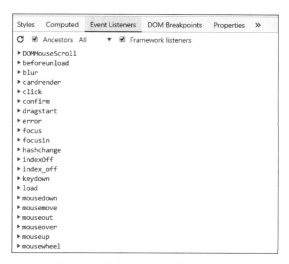

图 2-4　目标按钮已注册事件监听器

如果要查看 DOM 节点上注册的事件监听器,则需要到 Elements 面板中查看 Event Listeners 选项卡,它会显示附加到页面上的所有事件,如图 2-5 所示。

图 2-5　所有已注册的事件监听器

2.1.3 Sources 面板

Sources 面板是读者必须掌握的面板,对 JS 加密脚本的断点调试与代码分析主要从这里出发。如一个网页对登录参数做了加密,可以在加密 JS 脚本处设置断点,这样就可以跟进查看加密函数了。

1. 设置断点

设置断点最基本的方法是在代码的行序列号上手动添加,也可以将其设置为在满足某些条件下才会触发的断点。一旦在某一代码行上设置了断点,网页在加载到这一行代码时就会全局暂停,直到将断点删除。

要在特定的代码行上设置断点,需要打开 Sources 面板,并在 File Navigator 窗格中选择要分析的脚本文件,在源代码的左侧可以看到行序列号,单击行序列号就会在这一行代码上添加断点,如图 2-6 所示。

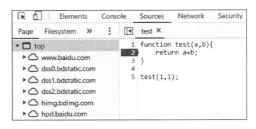

图 2-6 断点调试

如果一个表达式占据了多行,这时把一个断点设置在表达式中间,那么断点会被自动调整到下一个表达式上。如图 2-7 所示,在代码第 45 行设置断点,断点会自动调整到第 48 行。

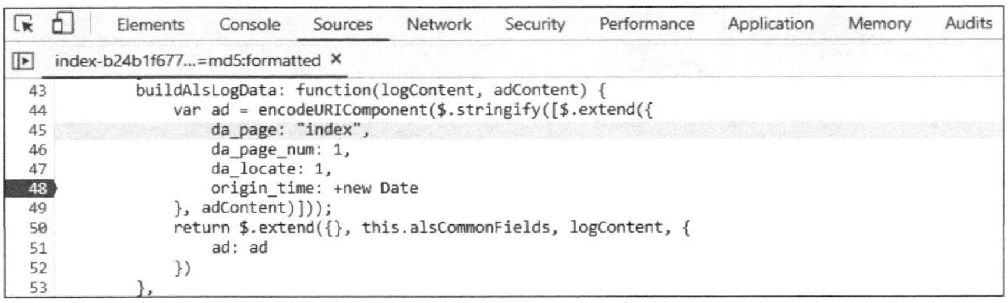

图 2-7 多行表达式断点

条件断点只有在输入表达式为 true 时,才会被触发暂停。如图 2-8 所示,右击行序列号,单击 Add conditional breakpoint 菜单项可以创建一个条件断点。

图 2-8 条件断点

调试者在代码中添加的所有断点都会被记录在右侧的 Breakpoints 栏中。如果要删除一个断点,除了再次单击行序列号之外,还可以右击图 2-9 所示断点,选择 Remove breakpoint 菜单项。如果只是想暂时性地删除该断点,可以仅取消勾选复选框。

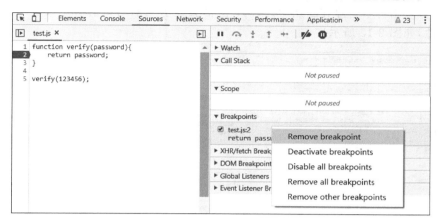

图 2-9　去除断点

在 XHR 请求中设置断点的情况也很常见。当任何 XHR 与设置的 URL 中的子串相匹配时或者 XHR 到达生命周期的某个阶段时,这类断点会被触发。

如果想在 XHR 与 URL 子串匹配时触发暂停,可以在 XHR/fetch Breakpoints 窗格中进行 XHR 断点设置。

如果想要在 XHR 生命周期的某个阶段触发暂停,可以在 Event Listener Breakpoints 窗格中查看 XHR 目录,如图 2-10 所示。

2. 调试代码

设置好断点后就可以开始遍历代码了,可以通过一次执行一行代码或者一个函数来观察数据和页面的更改,也可以修改 JS 脚本及其中的数值。页面登录时的密码加密方式和判断参数正确的标志都可以通过代码调试逐步找出来。

代码调试通过 Sources 面板右上角的图标进行操纵,如图 2-11 所示。

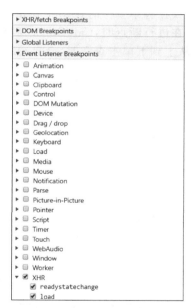

图 2-10　XHR 生命周期断点

图 2-11　代码调试图标

第一个图标的含义是,恢复代码执行直到遇到下一个断点,如果没有遇到断点,就会恢复正常;第二个图标的含义是,执行下一行代码,并跳转到下一行;第三个图标的含义是,如果下一行代码包含一个函数调用,就跳转到该函数并在该函数的第一行暂停;第四个图标的含义是,执行当前函数的剩余部分,然后在函数调用后的下一个语句处暂停;第五个图标的含义是,暂时禁用所有断点,用于恢复完整的执行,而不是将断点全部删除;第六个图标的含义是,当异常发生时自动暂停代码。在实际的加密脚本调试中,需要将上述图标结合起来使用。

除此之外,当脚本暂停在断点时,Scope 窗格会显示当前时刻所有定义在本地、闭包和全局的属性,如图 2-12 所示。

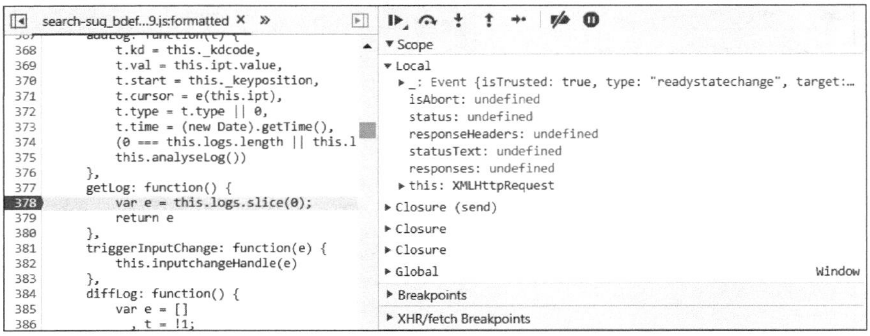

图 2-12 Scope 作用域

仅在脚本暂停时,Scope 窗格才会有显示。当页面正常运行时,Scope 窗格是空白的。

在进行断点时,Call Stack 窗格会显示代码的执行路径。如图 2-13 所示,它按照时间逆序,从上到下单击查看时,会自动跳转到对应代码块,这有助于调试者理解代码如何运行。

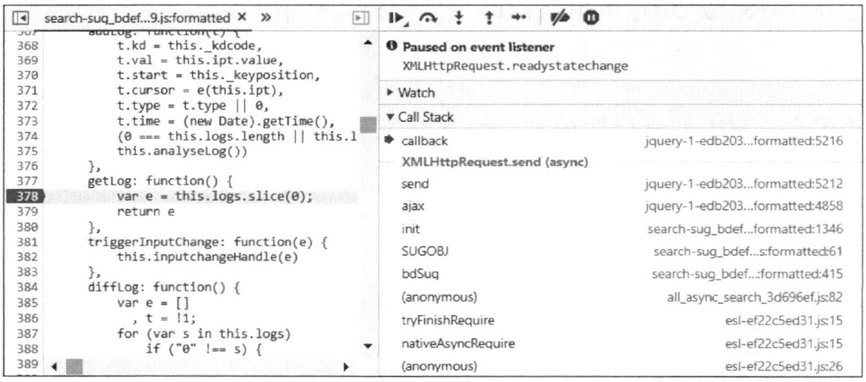

图 2-13 函数调用堆栈

3. 在任何页面上运行自定义代码块

代码块是可以在 Sources 面板中创建和执行的小脚本,在任何页面都可以访问和运行。假设调试者有一个 JS 加密方法库,内置了多种常见的加密方法,在调试脚本时,如果要在多个页面中反复使用,就可以考虑将脚本另存为代码块。

要创建一个代码块,需要打开 Sources 面板,单击左侧 Snippets 选项卡,右击空白处,选择 New(或 Create new snippet)选项,如图 2-14

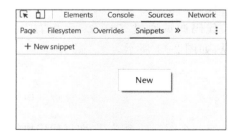

图 2-14 新建代码块

所示。

如果代码块编写后还未保存,文件名中会出现如图 2-15 所示的符号"＊",需要按 Ctrl＋S 键来进行保存。

保存后的代码块要想在当前页面中使用,需要右击文件名,单击 Run 菜单项,如图 2-16 所示。

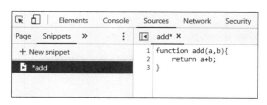

图 2-15　未保存代码块

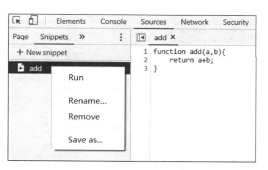

图 2-16　运行代码块

4. 美化打印代码块

一般来说,打开一个网页源代码或者脚本文件,会发现它是经过压缩的,观察起来比较困难,如图 2-17 所示。

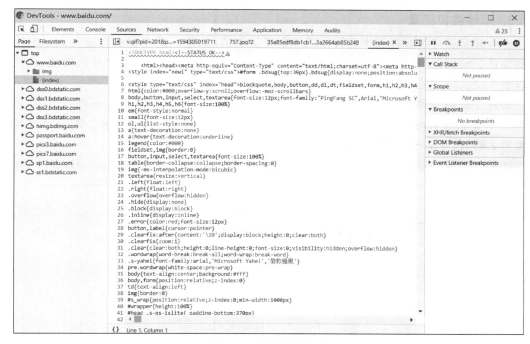

图 2-17　原始压缩文本

单击源代码左下角的{}图标,可以进行代码的美化打印,格式化后的文本如图 2-18 所示。

图 2-18　美化输出文本

5. 跟踪监视变量

有时候需要持续监视脚本运行中某一个变量的值，如果一直在控制台进行调试输出会有些烦琐。Sources 面板右侧的 Watch 窗格提供了在程序中跟踪监视变量的功能，利用它可以不用反复地将监控对象输出到控制台中。

要将变量添加到监控列表中，只需要单击 Watch 窗格中的 Add expression 图标（只有在 Watch 窗格展开时才会出现），如图 2-19 所示。此时会打开一个内联输入框，输入要监控的变量名称，按 Enter 键，即可完成变量添加。

如果要监控的变量没有被设置或未被找到，就会显示为图 2-20 中的 not available。

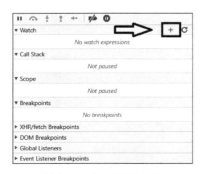
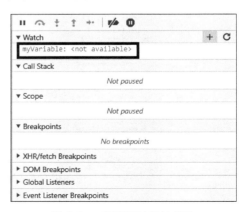

图 2-19　监控变量添加　　　　　　　　图 2-20　变量暂时无法获取

2.1.4 Network 面板

Network 面板会记录与网页有关的每个网络操作的详细信息，包括 HTTP 请求和 HTTP 响应。在该面板中，要掌握的是图 2-21 中标注的三个窗格，其中 1 号窗格用于控制 Network 面板的外观和功能，2 号窗格用于过滤请求列表中的资源请求和响应，3 号窗格列举了按照时间顺序存储的每个网络资源。

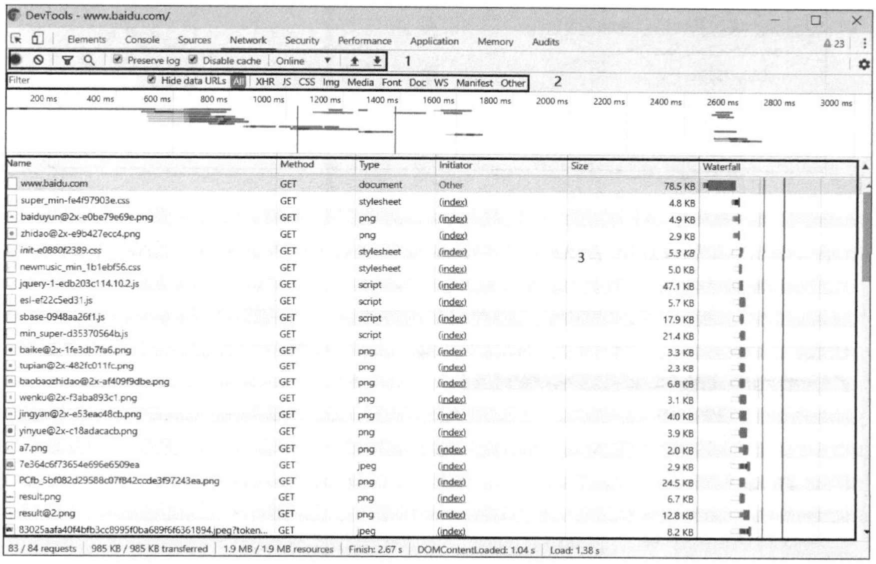

图 2-21　Network 面板分区

1 号窗格中的 Preserve Log 复选框用于保存日志，Disable cache 复选框用于禁用缓存。

单击 3 号窗格中的任意一个网络资源，可以查看该网络资源的更多详细信息，如图 2-22 所示，打开后默认显示 HTTP 请求头，包含统一资源定位符、HTTP 请求方法和状态码。

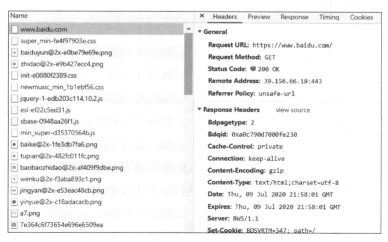

图 2-22　网络资源详细信息

此外,还会列出 HTTP 请求和 HTTP 响应的头部,以及查询的字符串参数。关于 HTTP 请求的详细内容将在第 3 章中展开,这里主要讲解面板的使用。

如果要对网络资源进行 Preview 预览,如图 2-23 所示,二进制图片资源会直接显示请求资源在页面中的展示,也可能不显示具体信息,具体情况取决于选择查看的资源类型。

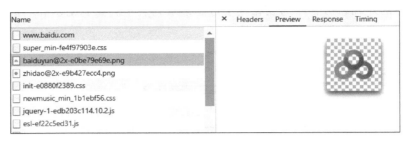

图 2-23　Preview 预览资源

如果查看 HTTP 响应的具体内容,可以单击 Response 选项卡,如图 2-24 所示,HTML 资源会以源代码的方式呈现,具体返回内容取决于查看的资源类型。

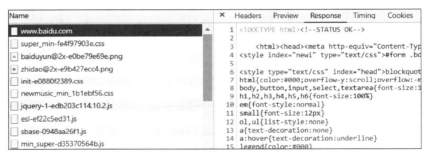

图 2-24　Response 响应内容

2.1.5　Application 面板

Application 面板中可以查看和删除 Cookie,但是不能修改 Cookie 值。如图 2-25 所示,Cookie 会按照域列出,不过需要注意,来自不同域的 Cookie 可能会出现在同一栏中,相同的 Cookie 也可能会出现在多栏中。

使用 local storage 本地存储来存储键值对,可以在其中进行键值对的检查、修改和删除操作。常用的 5 种方法如下所示:

(1) setItem():存储一个名称为 key 的值 value,如果 key 存在,就更新 value。

(2) getItem():获取名称为 key 的 value,如果 key 不存在,则返回 null。

(3) removeItem():删除名称为 key 的信息,这个 key 所对应的 value 也会全部被删除。

(4) clear():清空 localStorage 中所有信息。

(5) key():键的索引。

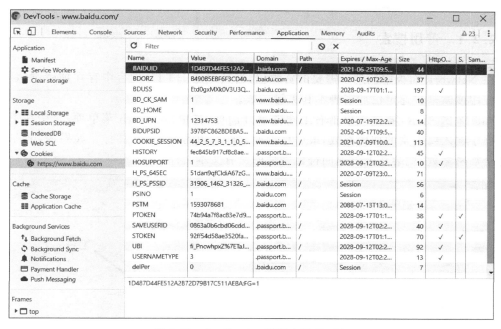

图 2-25　Application 面板中的 Cookie

以设置键值对为例，创建一个 key 为 name、value 为 test 的键值对，可以在控制台输入如下代码：

```
localStorage.setItem("name","test");
```

本地存储窗格中就会增加一个图 2-26 中的键值对。

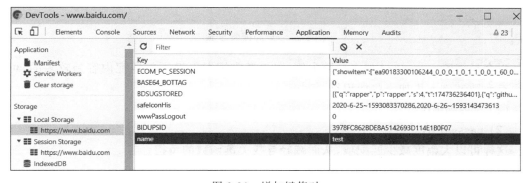

图 2-26　增加键值对

2.2　JS 逆向调试技巧

在掌握了 Chrome 开发者工具的使用后，需要将其运用到实际的调试中。在做日常的网页端数据抓包时，通常会遇到各类加密参数，如何快速定位加密脚本和关键函数极为重要。本节将讲解日常开发中 JS 逆向调试的一些实用技巧。

2.2.1 善用搜索

在 Network 面板中找到了需要的资源包,当其中的 HTTP 内容中存在加密键值对时,可以使用搜索来快速定位加密脚本和关键函数。

如图 2-27 所示,需要先单击右上角的展开图标,再单击 Search 菜单项,之后在下方的搜索框中输入要搜索的加密参数,最后单击搜索框右边的 Refresh 图标。如果 Sources 中存在这个加密参数,就会在下方返回符合条件的所有文本文件。

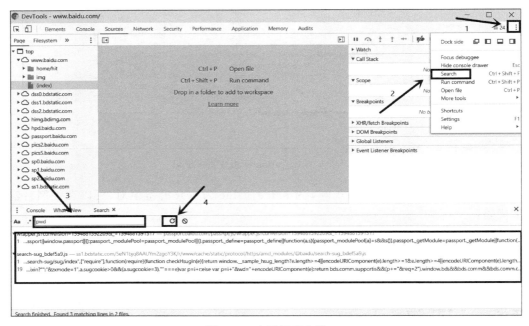

图 2-27 全局搜索步骤

以全局搜索 password 加密参数为例,因为通常情况下返回的匹配内容是较多的,可以在原有参数基础上再加一些标识符,例如:

(1) password=。
(2) password:。

这样可以大幅度减少匹配项,从而减轻寻找关键函数的负担。

2.2.2 查看请求调用堆栈

在 Network 面板中,通过资源的 Initiator 列可以看到它的请求调用堆栈,排序方式是逆序。如图 2-28 所示,如果将鼠标移动到某一个请求资源的 Initiator 上,会弹出该请求资源的请求调用堆栈。单击图 2-28 的请求调用堆栈中的任意显示项,即可跳转到对应的脚本文件的具体调用行中。

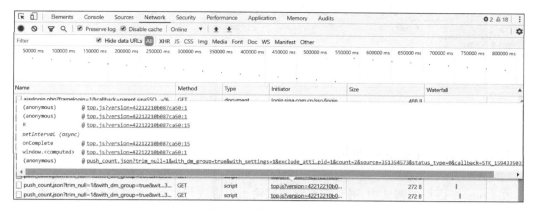

图 2-28　请求调用堆栈

2.2.3　XHR 请求断点

不少加密数据包传输的时候,会使用 XHR 请求断点。当目标加密参数存在于 XHR 数据包的时候,选择 XHR 请求断点会比全局搜索更加快捷,图 2-29 是添加 XHR 请求断点的联内输入框。

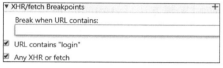

图 2-29　XHR 请求断点联内输入框

2.2.4　Console 插桩

条件断点不仅可以写判断表达式,还可以在其中输入、输出表达式,这样就可以在脚本运行到对应行时,在控制台中打印输出对应参数,达到插桩的效果。如图 2-30 所示,添加条件断点时,可以输入"console.log()"对密码加密脚本中的密码值进行输出调试。

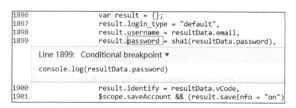

图 2-30　条件断点输出

Console 插桩通常用于滑块验证码的调试,滑块轨迹的输出如果设置了一般断点,就会移动一次暂停一次,使用插桩形式就可以直接在控制台中流畅地输出滑动轨迹了。

2.2.5　堆内存函数调用

在脚本中设置断点后,可以在当前断点暂停时,在 Console 面板中调试输出具体函数,单击函数内容可以跳转到具体的代码行,如图 2-31 所示。

图 2-31　堆内存函数调用

2.2.6　复制 Console 面板输出

在 Console 面板的调试中,通常需要将调试输出内容进行复制,方便将其写入本地文件进行调用。但一般情况下,直接复制往往得不到需要的内容,这个时候,可以在控制台中尝试以下四种方法,最后一种方法需要在 Sources 面板的 Snippets 代码块中添加 CryptoJS 加密库。

(1) copy()。
(2) JSON.stringify()。
(3) Object.toString()。
(4) CryptoJS.enc.Utf8.stringify()。

使用复制方法后,Console 面板的内容就会被复制到粘贴板上,如图 2-32 所示。

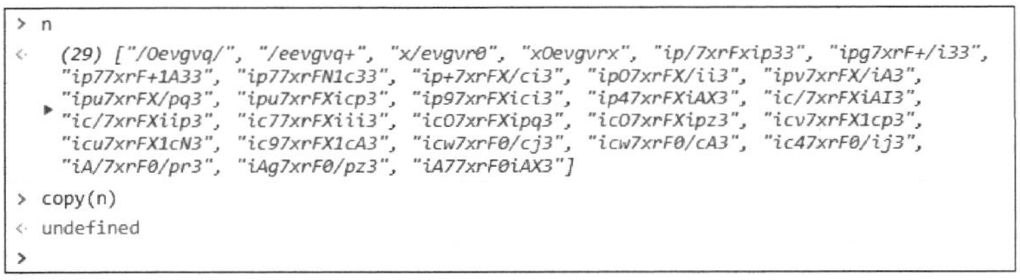

图 2-32　复制 Console 面板内容

2.3　本地覆盖

本地覆盖是一个实用的调试方法,能够使开发者用自己的文件来替换请求的资源。即不必再继续向服务器请求资源,而是直接在本地修改,当浏览器向目标地址请求资源时,会使用本地的文件来进行替代。

这样,开发者可以随意对网页脚本文件进行修改,包括添加 Console 插桩、添加循环 debugger 以及实现脚本文件在被调用时,直接在控制台对加密参数或函数进行输出等操作。这里讲解 Chrome local override 和 Fiddler 自动响应两种方法。

2.3.1　Chrome local override

Chrome 64 之后的开发者工具可以直接在 Sources 面板中进行操作,如图 2-33 所示,切换到 Overrides 选项卡中,单击 Select folder for overrides 选项,在弹出的文件夹选择框中选择要进行替换的资源的所属文件夹。

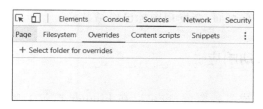

图 2-33　本地覆盖选项卡

选择文件夹后,浏览器上方会弹出对话框询问是否允许 Chrome 开启访问目录权限,单击"允许"按钮。

接下来,以替换百度首页图标为例进行说明。

(1) 打开 Network 面板进行抓包,找到百度首页图标的 HTTP 请求包。

(2) 右击对应请求资源,选择图 2-34 中的 Save for overrides 菜单项。

图 2-34　选择百度图标进行本地覆盖

(3) 在 Overrides 中,将选择的文件夹下的图片直接拖动到中间区域。这里是将左侧栏里的五角星图片拖动到中间的图片展示窗口中,如图 2-35 所示。

图 2-35　被替换后的百度首页

（4）再次刷新百度首页页面，会发现图标已经被替换。

2.3.2　Fiddler自动响应

除了在Chrome中完成本地覆盖，也可以在Fiddler抓包工具中实现相同效果，只需要进行如下三步操作。

（1）复制Network面板中的百度图标URL地址。

（2）打开Fiddler抓包工具，按照图2-36所示进行操作。首先单击左下角空白处，显示Capturing后开始网页抓包，然后切换到右侧的AutoResponsder选项卡，在下方输入栏的第一行输入第一步操作中复制的URL地址，第二行输入本地要替换的图片地址，最后单击Save按钮。

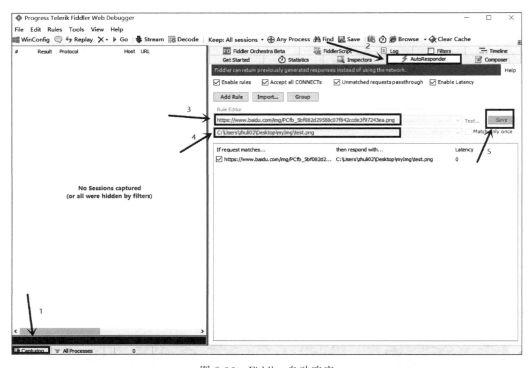

图2-36　Fiddler自动响应

（3）刷新百度首页，发现百度图标已经被替换。

视频讲解

2.4　Ajax-hook

Ajax-hook是一种比较实用的技术，它可以自定义XMLHttpRequest中的方法和属性，覆盖全局的XMLHttpRequest。当网站在使用Ajax请求动态渲染时，开发者可以对其中的请求数据和响应数据进行任意修改和展示，有些类似前面讲过的本地覆盖，区别是这里依然会去调用原本的XMLHttpRequest。

2.4.1　Ajax-hook 源码分析

Ajax-hook 制作非常精巧，最初的源代码仅有六十多行，代码如下：

```javascript
!function (ob) {
    ob.hookAjax = function (funs) {
        window._ahrealxhr = window._ahrealxhr || XMLHttpRequest;
        XMLHttpRequest = function () {
            this.xhr = new window._ahrealxhr;
            for (var attr in this.xhr) {
                var type = "";
                try {
                    type = typeof this.xhr[attr]
                } catch (e) {}
                if (type === "function") {
                    this[attr] = hookfun(attr);
                } else {
                    Object.defineProperty(this, attr, {
                        get: getFactory(attr),
                        set: setFactory(attr)
                    })
                }
            }
        };

        function getFactory(attr) {
            return function () {
                return this.hasOwnProperty(attr + "_")?this[attr + "_"]:this.xhr[attr];
            }
        }

        function setFactory(attr) {
            return function (f) {
                var xhr = this.xhr;
                var that = this;
                if (attr.indexOf("on") != 0) {
                    this[attr + "_"] = f;
                    return;
                }
                if (funs[attr]) {
                    xhr[attr] = function () {
                        funs[attr](that) || f.apply(xhr, arguments);
                    }
                } else {
                    xhr[attr] = f;
                }
            }
        }
    }
```

```
            function hookfun(fun) {
                return function () {
                    var args = [].slice.call(arguments)
                    if (funs[fun] && funs[fun].call(this, args, this.xhr)) {
                        return;
                    }
                    return this.xhr[fun].apply(this.xhr, args);
                }
            }
            return window._ahrealxhr;
        }
        ob.unHookAjax = function () {
            if (window._ahrealxhr) XMLHttpRequest = window._ahrealxhr;
            window._ahrealxhr = undefined;
        }
}(window);
```

查看 Ajax-hook 的核心代码，发现它会将浏览器 window 对象传入，并先获取全局的真实 XMLHttpRequest，同时对 XMLHttpRequest 对象中的 API 接口进行遍历，其中的方法和属性会采取不同的策略进行处理。如果遍历到的 API 接口的类型是 function，就会用 hookfun 方法处理，属性会用 Object.defineProperty 方法进行定义，代码如下：

```
for (var attr in this.xhr) {                    //遍历 XHR 接口
    var type = "";
    try {
        type = typeof this.xhr[attr]            //获取接口类型
    } catch (e) {}
    if (type === "function") {                  //方法
        this[attr] = hookfun(attr);
    } else {                                    //属性
        Object.defineProperty(this, attr, {
            get: getFactory(attr),
            set: setFactory(attr)
        })
    }
}
```

在对 XMLHttpRequest 中原生的方法进行处理时，会使用如下 hookfun 方法。

```
function hookfun(fun) {
    return function () {
        var args = [].slice.call(arguments)
        //调用开发者自定义方法
        if (funs[fun] && funs[fun].call(this, args, this.xhr)) {
            return;
        }
        //直接调用原生方法
        return this.xhr[fun].apply(this.xhr, args);
    }
}
```

它首先会把当前遍历来的方法中的参数赋值到 args 中,之后会获取开发者自定义的 XMLHttpRequest 方法,如果能够获取到开发者自定义的方法,就会对当前方法进行覆盖,并将参数传入调用;如果没有获取到,说明开发者没有重写这个方法,会继续调用原生方法。

处理 XMLHttpRequest 属性时,主要使用 Object.defineProperty,这个方法的作用是直接在一个对象上定义一个新的属性,或者修改一个已经存在的属性,代码如下:

```
Object.defineProperty(obj,prop,descriptor)
```

obj 是要定义的属性的对象,prop 是要定义或修改的属性的名称,descriptor 是要定义或修改的属性描述符。Ajax-hook 中使用的 descriptor 描述符是 get 和 set,具体如下。

(1) get:在获取定义的属性时,会调用这里定义的函数。它不传入任何参数,但是会传入 this 对象。该函数的返回值会被用作属性的值。

(2) set:在定义的属性被修改时,会调用这里定义的函数。该方法会接受被定义的新值作为参数,同时也会传入 this 对象。

Ajax-hook 运行周期内,修改属性会调用 setFactory 函数,它会接受被定义的新值作为参数,这里用 f 来指代。如果属性以 on 开头,就会在开发者自定义的 func 中进行匹配并调用,开发者自定义的属性返回为 true 表示进行阻断,自定义的函数执行完毕后不会再执行 XHR 原生函数,反之会继续执行 XHR 原先的回调。

```
function setFactory(attr) {
    return function (f) {
        var xhr = this.xhr;
        var that = this;
        //判断属性是否以 on 开头
        if (attr.indexOf("on") != 0) {
            this[attr + "_"] = f;
            return;
        }
        if (funs[attr]) {
            xhr[attr] = function () {
                //调用开发者自定义回调
                funs[attr](that) || f.apply(xhr, arguments);
            }
        } else {
            xhr[attr] = f;
        }
    }
}
```

Ajax-hook 获取属性时调用 getFactory 函数,返回值使用了三元运算符。this.hasOwnProperty 方法会返回一个布尔值,用来表明 this 对象自身属性中是否具有指定的属性。Ajax-hook 在遍历的属性后加上了下画线,在 setFactory 中对于不以 on 开头的属性会进行下画线添加的新值映射，所以这里返回的通常是以 on 开头的属性对应的、用户自定义的方法调用。

```
function getFactory(attr) {
    return function () {
        return this.hasOwnProperty(attr + "_") ? this[attr + "_"] :
            this.xhr[attr];
    }}
```

2.4.2　Ajax-hook 拦截

在使用 Ajax 技术的网页上，使用 Ajax-hook 进行代码调试会让开发者处理起来游刃有余。XMLHttpRequest 中的方法和属性都可以进行自由操作，所以能做的事也非常多，如可以直接对网页的 Ajax 请求中的参数进行打印，也可以在发送 Ajax 请求的时候进行断点调试，或直接将返回的响应数据进行展示，代码如下：

```
hookAjax({
    //检测到状态码变化,打印输出响应体
    onreadystatechange:function (xhr) {
      if(xhr.status == 200) {
        console.log("response:\n",xhr.response)
      }
      return false;              //不进行阻断
    },
    //在打开 Ajax 请求的时候进行操作
    open:function(arg){
        console.log("open called:\nmethod:%s,\nurl:%s,\nasync:%s\n",arg[0],arg[1],arg[2])
    },
    //在发送 Ajax 请求的时候进行操作
    send:function(arg){
        debugger;                 //设置断点
        console.log("send called:",arg)
    },
    //在设置请求头部的时候进行操作
    setRequestHeader:function(arg){
        console.log("setRequestHeader:",arg)
    },
})
```

百度图片的加载使用了 Ajax 技术，可用来做测试。将以上 hook 代码注入到网页中，或直接输入 Console 控制中，查看 Console 面板的输出，如图 2-37 所示。

Console 面板会直接输出请求图片的 Ajax 接口，并且打印设置的 headers 头部，还展示了响应体返回的 JSON 图片数据。

图 2-37　Ajax-hook 百度图片

2.5　网易易盾滑块验证码调试分析

接下来,进行网易易盾滑块验证码的调试分析。首先打开易盾官网,依次单击"在线体验"和"滑块拼图"选项,出现如图 2-38 所示滑块验证码,滑动后发现 Network 面板成功抓包。

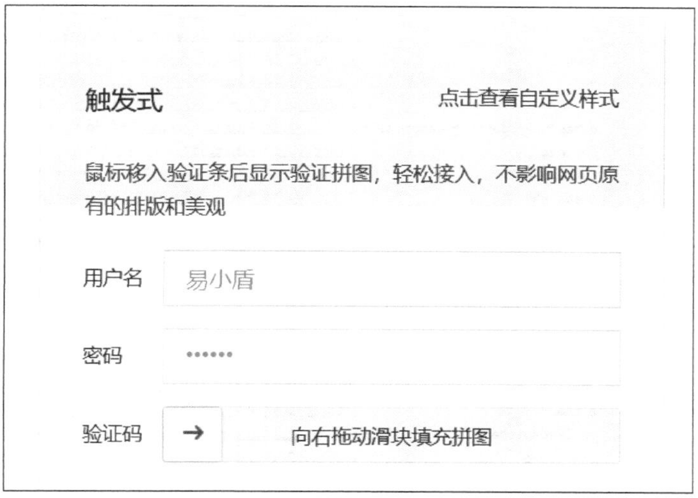

图 2-38　易盾滑块验证码

单击 Network 面板中抓包后的网络资源,发现其中存在大量加密参数,如图 2-39 所示,其中的 data 参数为滑动验证码轨迹加密,接下来主要对它的加密函数进行定位。

如果此时直接使用 search 全局搜索 data,会存在许多匹配项,不方便定位。转而去查看目标资源的函数调用栈,如图 2-40 所示,这里选择进入最后的请求调用中,即最上方的 i 请求。

图 2-39　滑块加密参数

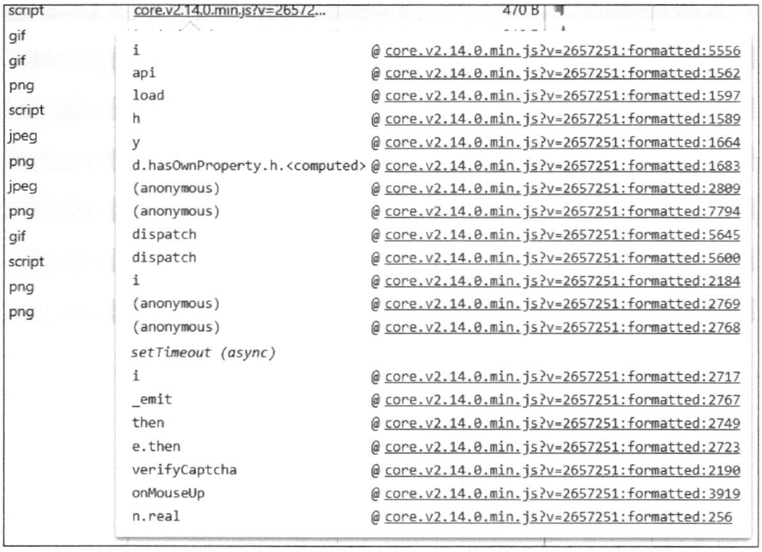

图 2-40　目标资源函数调用栈

如图 2-41 所示，在开头处设置普通断点，之后观察右侧的 Scope 作用域，发现此时的 data 已经在 t 中生成完毕，因此需要使用函数调用堆栈进行回溯，切换 Call Stack 列表中的函数调用堆栈，寻找最早出现 data 参数的区域。

依次单击函数调用栈，定位到图 2-42 所示的 7794 行，发现 7798 行的 k 值实际上就是加密轨迹的 data 值。

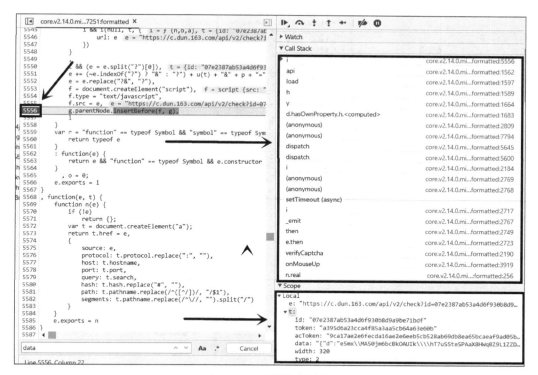

图 2-41　开始断点调试

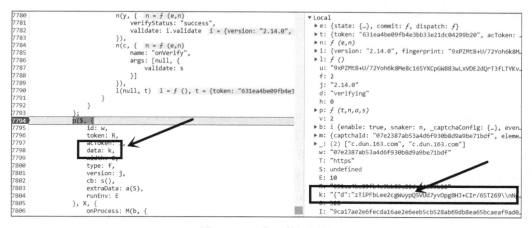

图 2-42　回溯函数调用栈

该行代码附近没有找到 k 值的定义点，所以查看之前的代码，找到图 2-43 所示的位于 7742 行的 k 值定义代码，可以看到为 t.data。于是在此处设置断点，查看 t 值的函数调用栈传递。

在回溯过程中，发现了图 2-44 中名为 verifyCaptcha 的函数，根据函数名推测，该函数是用来检测验证码的，于是在 2178 行设置断点进行调试。

在函数调用栈中继续回溯，发现了检测鼠标左键的函数 onMouseUp，其中包含了图 2-45 所示 JSON 格式的 data 数据生成。

```
            , T = m.protocol  T = "https"
            , S = m.extraData  S = undefined
            , E = m.runEnv  E = 10
            , R = t.token  R = "cfdfa6414db74537ac02394f4f2d61c5", t = {toke
            , k = t.data  k = "{"d":"AAbCglAJt/SfDVycrENdGAozmZqCitUT1BF6mN2
            , O = t.width  O = 320
            , I = t.acToken  I = "9ca17ae2e6fecda16ae2e6eeb5cb528ab69db8ea6
            , $ = r({  $ = (2) ["https://c.dun.163.com/api/v2/check", "https
              apiServer: _,  _ = (2) ["c.dun.163.com", "c.dun.163yun.com"]
              protocol: T  T = "https"
          }, "/check");
```

图 2-43　k 值定义处

```
        verifyCaptcha: function(e) {  e = {data: "{"d":"2N46nwGRPgv/nMOq9
            var t = this;
            this.$store.commit(_, {
                verifyStatus: "verifying"
            });
            var n = this.$store.state.token
              , i = function(i) {
                t.$store.dispatch(k, Object.assign({
                    token: n,
                    acToken: i,
                    width: t.getWidth()
                }, e))
            };
            this.$anticheatPromise ? this.$anticheatPromise.then(i) : i(""
        },
```

图 2-44　verifyCaptcha 函数

```
3909        onMouseUp: function(e) {  e = i {event: MouseEvent, target: div.yidun_s]
3910            var t = this.drag;  t = {status: "dragend", beginTime: 0, clientX: 6
3911            if ("dragend" === t.status)
3912                return void Object.assign(t, {
3913                    beginTime: 0
3914                });
3915            Object.assign(t, w);  t = {status: "dragend", beginTime: 0, clientX:
3916            var n = a.sample(this.traceData, u)  n = Array(18)
3917              , i = this.$store.state.token  i = "baf09e70c0b845f0a521b131d0721
3918              , r = h(p(i, parseInt(this.$jigsaw.style.left, 10) / this.width *
3919            this.onVerifyCaptcha({
3920                data: JSON.stringify({
3921                    d: h(n.join(":")),
3922                    m: "",
3923                    p: r,
3924                    ext: h(p(i, this.mouseDownCounts + "," + this.traceData.leng
3925                })
3926            })
3927        },
```

```
onMouseUp        core.v2.14.0.mi...formatted:3919
n.real           core.v2.14.0.mi...:formatted:256
▼ Scope
▼ Local
  ▶ e: i {event: MouseEvent, target: …
  ▶ t: {status: "dragend", beginTime: 0, clientX: …
  ▶ n: (18) ["vZE60iLO", "vrE60iDv", "rE+ki/vniA33…
    i: "baf09e70c0b845f0a521b131d0721365"
    r: "wp\FcFV9xGOZMxEuh0XFXVV8\Na/7TiT"
  ▶ this: n
▶ Closure
▶ Global                                    Window
▼ Breakpoints
  ☑ core.v2.14.0.min.js?v=2657251:formatted:2178
```

图 2-45　data 生成函数

data 值是鼠标滑动生成的，其中的 n 用 join 方法进行了拼接。由于使用了 join 方法，因此猜测 n 是一个数组。浏览代码后找到了 n 在 3916 行的声明，发现 n 是由其中的 traceData 数组生成的。在此脚本中全局搜索 traceData，发现存在多个匹配项，一一设置断点后，在滑动验证码页面滑动滑块，发现暂停在了图 2-46 所示的 3882 行里的 traceData.push 方法处，由此判定此处为最终 push 添加处。

```
3865 onMouseMove: function(e) {
3866     var t = e.clientX
3867       , n = e.clientY
3868       , i = this.drag
3869       , r = i.status
3870       , s = i.beginTime
3871       , l = i.startX;
3872     if (i.status = s && t - l > 3 && "dragend" === r ? "dragstart" : r,
3873     "dragend" !== i.status) {
3874         !(e.type.indexOf("touch") !== -1 && o.supportPassive) && e.preventDefault(),
3875         Object.assign(i, {
3876             clientX: t,
3877             clientY: n,
3878             dragX: t - i.startX
3879         });
3880         var u = this.$store.state.token
3881           , f = p(u, [Math.round(i.dragX < 0 ? 0 : i.dragX), Math.round(i.clientY - i.startY), a.now() - i.beginTime] + "");
3882         this.traceData.push(f),
3883         "dragstart" === i.status && this.onMouseMoveStart(e),
3884         "dragging" === i.status && this.onMouseMoving(e)
3885     }
```

图 2-46　鼠标轨迹生成函数

traceData 数组的添加元素是 f,f 的加密函数代码如下所示：

```
f = p(u, [Math.round(i.dragX < 0 ? 0 : i.dragX),
    Math.round(i.clientY - i.startY), a.now() - i.beginTime] + "")
```

在 3882 行设置条件断点，可以选择 Console 暗桩，输入以下代码：

```
console.log([Math.round(i.dragX < 0 ? 0 : i.dragX),
    Math.round(i.clientY - i.startY),
    a.now() - i.beginTime] + "")
```

滑动滑块后会发现 traceData 数组中的元素被输出在了 Console 控制台，如图 2-47 所示，每一处轨迹由三部分组成，第一个参数是横坐标的滑动距离，第二个参数是纵坐标上下浮动的距离，第三个参数是当前滑动的时间减去开始滑动的时间。

对鼠标轨迹进行加密的是 p 函数，这里给出 p 函数定位的两种方法。

（1）在 f 参数生成处设置断点后，再次拖动滑块，选择跟进函数。

图 2-47　控制台输出鼠标轨迹

（2）在 f 处设置断点后，切换到 Console 面板，可以直接输出 p 加密函数。

p 加密函数的代码如下所示：

```
function n(e, t) {
    function n(e, t) {
        return e.charCodeAt(Math.floor(t % e.length))
    }
    function i(e, t) {
        return t.split("").map(function(t, i) {
            return t.charCodeAt(0) ^ n(e, i)
        })
    }
    return t = i(e, t),
    _(t)
}
```

至此，简单调试了易盾滑块验证码，目的是巩固学习本章中所讲的调试分析知识点。

2.6　小结

本章主要讲解了 Chrome 开发者工具的各大面板使用与 JS 代码调试技巧，还有实用的 Chrome local override 本地覆盖与 Fiddler 自动响应，最后讲解了网易易盾的滑块验证码调试案例。对于本章的内容，应当熟记于心，今后调试技术的提升还需要多在实践中摸索。

2.7 习题

1. 简述打开开发者工具的几种方法。
2. 使用 Fiddler 自动响应替换任意网站图片。
3. 简述如何使用 Fiddler 自动响应进行 Console 插桩。
4. 以下哪个面板可用于查看请求调用堆栈?
   A. Elements　　　　　B. Console　　　　　C. Network　　　　　D. Application
5. 使用掌握的调试方法,深入调试易盾滑块验证码 JS 加密脚本。

第 3 章

爬虫与反爬虫

搭建完开发环境,学会基本的调试手段后,就可以正式开始学习 AST 反爬虫以及还原混淆 JS 代码了。不过在此之前,先给不熟悉网络爬虫的读者介绍一些关于爬虫的基本概念,以及如今常见的应对爬虫的反爬虫技术,从而对之后的 AST 反爬虫的功用有更深的了解。

3.1 网络爬虫

网络爬虫又叫作网络蜘蛛、网络机器人等,可将其理解为一个在互联网上自动提取网页信息并进行解析抓取的程序。网络爬虫不仅能够复制网页信息和下载音视频,还可以做到行为链执行与网站的模拟登录。大数据时代,不论是人工智能还是数据分析,都需要有海量的数据在背后做支撑,如果单是依靠人力手动采集,不仅成本高昂且效率低下。在这一需求下,自动化且高效、可并发执行的网络爬虫担起了获取数据的重任。

3.1.1 网络爬虫原理

理论上来说,任何编程语言都可以用来编写网络爬虫,只有难易之分。因为网络爬虫本质上只是对目标服务器发起 HTTP 请求,并对 HTTP 响应做出处理,提取关键信息进行清洗入库。这里的服务器可以理解为要爬取的网站站点,爬虫程序发起一次 HTTP 请求,网站服务器对请求做出一次响应,就构成了一次网络爬虫行为,但仅发起请求是不完整的,还需要将网站返回的信息进行数据解析和清洗,将最终需要的数据存储到数据库或本地文件里,才算是完成了一整套的爬虫流程。

如图 3-1 所示,完整的爬虫流程是编写的网络爬虫发起请求后,目标网站返回指定的请求响应,通过对请求响应返回的响应体进行解析,找到需要的信息进行数据存储。如果需要翻页或跳转,则从当前页面或响应体中提取出链接再次发起请求。

Python 实现了许多第三方库来帮助开发者完成这个操作,在第 1 章中安装的 requests 库用于发起 HTTP 请求,省去了实现请求程序的时间,bs4 解析库让开发者只需要专注于网页信息的定位和操作网站返回的主体信息。开发重心也就从协议处理转化到了具体网页的数据提取。在了解了爬虫的原理与基本流程之后,接着来探讨网络爬虫中请求和响应的具体内容。

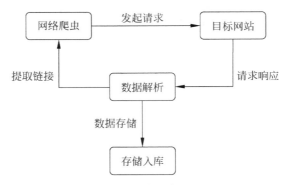

图 3-1 网络爬虫流程

1. 发起请求

网络爬虫本质上是 HTTP 请求,因而每发起一次爬虫请求,实际上就是向目标服务器发送了一次请求报文。接下来需要具体了解一下 HTTP 请求报文。如表 3-1 所示,HTTP 请求报文主要由四部分组成,分别是请求行、请求头部、空行和请求体。

表 3-1 HTTP 请求报文

请求报文类别	请求报文组成内容					
请求行	请求方法	空格	统一资源定位符	空格	HTTP 协议版本	\n\r
请求头部	请求头部键	:			请求头部值	\n\r
	…	:			…	\n\r
	请求头部键	:			请求头部值	\n\r
空行	\n\r					
请求体	请求包体					

1) 请求行

在请求行中,主要起作用的部分是请求方法、统一资源定位符和 HTTP 协议版本。不同的请求方法用来处理不同的任务,以下是常用的 8 种 HTTP 请求方法。

(1) GET:向目标服务器请求资源,返回实体主体。

(2) POST:向目标服务器发送资源,例如提交表单。

(3) HEAD:与 GET 类似,不过它用于获取报头,不会返回具体内容。

(4) PUT:向目标服务器发送数据以覆盖指定内容。

(5) DELETE:请求服务器删除 URL 指定内容。

(6) OPTIONS:返回目标服务器针对特定资源的 HTTP 请求方法。

(7) TRACE:用于测试诊断,回显服务器收到的请求。

(8) CONNECT:HTTP 1.1 协议预留给能够将链接修改为管道方式的代理服务器。

在这些请求方法中,在实际开发中使用最多的是 GET 和 POST,前者常用来获取网页资源,后者常用来模拟登录。

请求行中的统一资源定位符实际上就是 URL(Uniform Resource Locator),如果要浏览一个网页页面,首先需要的就是在浏览器中输入它的 URL 地址。日常生活中经常用搜索引擎来辅助完成查找,搜索引擎也是依赖网络爬虫来搜集数据的,只不过它在爬虫基础上拓展了更多技术,需要对数据进行组织处理后根据用户的检索进行反馈。编写网络爬虫一定程度上是在模拟正常用户浏览网页的行为,不过是用代码的方式进行呈现,所以编写的网络爬虫在发起请求寻找资源时,也需要有 URL 作为导引。

至于 HTTP 协议版本,需要了解的是 HTTP 1.0 只定义了上述所列举的前三种方法,即 GET、POST 和 HEAD,在 HTTP 1.1 才新增了后 5 种方法。

2) 请求头部

请求头部主要由一系列的键值对组成,用来说明服务器需要的附属信息。通常反爬虫的检测会在请求头部里进行,检测是否包含关键键值对,如果不存在或数据不匹配就会被判定为机器人。下面介绍 8 个实用的请求头键值对。

(1) Accept-Charset:表示客户端可以接受的字符集。

(2) Cookie:网站用来识别身份所用的加密键值对,需要登录才能访问的网站通常需要携带。

(3) Connection:表示是否需要持久连接,close 代表本次响应后连接可以被关闭;keepalive 表示长久连接,等待客户端的下次请求。在 HTTP 1.1 下默认会保持持久连接。

(4) Content-Length:请求体的长度。

(5) Content-Type:请求体的数据类型。

(6) Host:请求的主机名。

(7) Referer:指明用户从该 URL 出发到达此页面,常用于防盗链技术。

(8) User-Agent:服务器用来识别浏览器类型,可更改这个参数达到切换计算机端与手机端的效果。

3) 空行

空行必须存在于 HTTP 请求头部之后,也就是输入"\n\r",它的作用在于通知目标服务器此后不会再出现请求头部,将会进入请求体。这是一种简单而实用的数据分割方式。

4) 请求体

在 GET 方法中一般不存在请求体,请求体适用于 POST 方法,内容是用户在填写表单时提交的数据,通常会在请求头部的 Content-Length 与 Content-Type 中进行附属说明。它的格式是用"&"连接的键值对,如 name=test&password=123。

由此而知,如果要编写一个网络爬虫,首先要获取请求行需要的 URL,之后根据具体需求判断请求方式,如果要让目标服务器更多地了解自己编写的爬虫程序,就需要在请求头部里添加键值对,最后如果想提交数据,就需要在请求体中编写键值对连接串。

打开预先下载好的 Fiddler 抓包工具进行抓包,以下是访问百度首页的 HTTP 发包信息:

```
GET https://www.baidu.com/ HTTP/1.1
Host: www.baidu.com
Connection: keep-alive
Upgrade-Insecure-Requests: 1
User-Agent: Mozilla/5.0 (Windows NT 10.0; Win64; x64) AppleWebKit/537.36 (KHTML, like Gecko)
Chrome/79.0.3945.88 Safari/537.36
Sec-Fetch-User: ?1
Accept: text/html,application/xhtml+xml,application/xml;q=0.9,image/webp,image/apng,*/
*;q=0.8,application/signed-exchange;v=b3;q=0.9
Sec-Fetch-Site: none
Sec-Fetch-Mode: navigate
Accept-Encoding: gzip, deflate, br
Accept-Language: zh-CN,zh;q=0.9
Cookie:PSTM=1593078681; BAIDUID=1D487D44FE512A2B72D79B17C511AEBA:FG=1; BD_UPN=
12314753; BDORZ=B490B5EBF6F3CD402E515D22BCDA1598
```

通过观察可知,它是完全符合 HTTP 请求报文结构的,浏览器在访问页面时,自动添加了许多请求头部,从 User-Agent 可以看出这里使用 Chrome Google 浏览器发起 HTTP 请求,而且由于发起的是 GET 请求,因此不存在请求体。

2. 解析响应

服务器根据请求返回的 HTTP 响应报文内包含了客户端需要的数据,一般可以通过观察报文中的一些关键信息来确认响应的实际情况。HTTP 响应报文的主要结构如表 3-2 所示。

表 3-2　HTTP 响应报文

响应报文类别	响应报文内容				
状态行	空格	状态码	空格	状态码描述	\n\r
响应头	响应头部键	:		响应头部值	\n\r
	…	:		…	\n\r
	响应头部键	:		响应头部值	\n\r
空行	\n\r				
响应体	响应包体内容				

可以发现 HTTP 响应报文与 HTTP 请求报文相似,依然是四个部分:状态行、响应头、空行和响应体。在状态行中去除了请求方法、统一资源定位符与 HTTP 协议版本,新增了状态码和状态码描述,可以这样理解,HTTP 响应主要用来回应浏览器的请求,浏览器根据响应报文判断返回响应的内容完整性与服务器状态,从而确定请求是否需要重发、内容是否发生更新等。所以首先需要增加状态码来明确响应状态,让浏览器客户端能够实时地了解请求反馈。

1) 响应行

响应行中的状态码 state code 主要由三位数字构成,第一位数字用来辨别响应类型,后两位则是单纯用来计数区分。状态码的响应类别主要分为以下 5 类。

(1) 1xx:服务器成功接收客户端请求,客户端可继续发送请求。

（2）2xx：服务器成功接收请求，并着手进行处理。
（3）3xx：服务器要求客户端重定向。
（4）4xx：服务器表明客户端请求非法。
（5）5xx：服务器发生错误。

由此可见，以 1 开头的状态码一般表示请求已经被接收，但并未被处理；以 2 开头的状态码通常代表成功接收并被处理；以 3 开始的状态码代表资源被转移，需要重定向；以 4 开头的状态码很可能是程序的请求编写错误；以 5 开头的状态码是服务器内部发生错误，与浏览器客户端的请求内容无关。下面是一些必须熟记的 10 种状态码及其描述。

（1）200 OK：表示请求成功，请求报文中所希望的资源会在响应中被返回，通常在浏览器中正常看到网页内容时就会返回 200 状态码。

（2）206 Partial Content：服务器返回部分内容，虽然请求成功，但请求返回的内容是不完整的。此状态码常见于断点续传或者大文件的分段下载传输。

（3）301 Moved Permanently：请求的资源被永久移动到了其他地方，并且之后也不会再将资源移动回来。通常新的 URL 地址会在 HTTP 响应头的 Location 键中返回。

（4）302 Moved Temporarily：请求的资源被临时移动到了其他地方，因此用户今后也应该继续向该 URL 发起请求，而不是去请求响应体中返回的新的 URL 地址。

（5）400 Bad Request：通常发生这个错误是因为在编写 HTTP 请求时，写错了请求参数或者语义有误，导致服务器无法理解。

（6）403 Forbidden：服务器理解了请求，但是拒绝返回内容。此状态码通常是因为网络爬虫恶意访问网站而导致 IP 地址被标记，再次请求就会被服务器拒绝。

（7）404 Not Found：请求内容未在服务器找到，通常是由于网站开发者将内容删除。

（8）405 Method Not Allowed：请求方式错误，多数情况是因为请求方法不当，例如本应当是模拟登录的 POST 请求，误写为了 GET 请求。

（9）500 Internal Server Error：服务器遇到突发状况，导致无法完成请求处理，通常是因为服务器源代码错误。

（10）502 Bad Gateway：作为网关或者代理工作的服务器在执行请求时，从上游服务器收到无效响应。

2）响应头

在网络爬虫中，开发者并不需要对响应头有过多关注，只需要偶尔观察其中的个别键值对用于查看辅证响应状态码的描述，需要了解的是如下三个响应头。

（1）Location：是在 301 或者 302 状态码下返回的重定向后的 URL 地址。

（2）Connection：colose 代表本次响应后连接将被关闭；keepalive 表示长久连接，服务器会等待客户端的下次请求。

（3）Server：服务器用来处理请求的软件信息及其版本，与 HTTP 请求中的 User-agent 类似。不过它代表的是服务器端的信息。

3）空行

响应头之后必须添加空行，输入"\n\r"，表示接下来进入响应体内容。

4）响应体

响应体中是服务器返回给客户端的内容。爬虫开发者一般会在这里进行链接提取或内容爬取，不过在面对不同的响应体内容时，需要用不同的方式去处理。如果返回 HTML 源代码，可以使用 Python 中的 bs4 包进行 DOM 解析或编写正则表达式进行匹配；如果请求的是音视频，会返回二进制文件，这时就要写一个二进制文件存储函数进行数据下载；如果请求的是网站接口，通常返回 JSON 格式数据，需要使用 Python 中的内置包 JSON 进行格式解析。

因此，在面对 HTTP 响应报文时，主要通过观察状态码来了解响应的具体情况与服务器状态，如果请求成功，则继续处理响应体中的内容，再通过观察响应体的格式来编写具体的爬虫解析程序。

这里将 Fiddler 中抓到的百度首页响应包进行展示：

```
HTTP/1.1 200 OK
Bdpagetype: 2
Bdqid: 0xf12fb0dc002ff2a1
Cache-Control: private
Connection: keep-alive
Content-Type: text/html;charset=utf-8
Date: Sun, 05 Jul 2020 03:08:38 GMT
Expires: Sun, 05 Jul 2020 03:08:38 GMT
Server: BWS/1.1
Set-Cookie: BDSVRTM=262; path=/
Strict-Transport-Security: max-age=172800
Traceid: 1593918518283822567417379303945988469409
X-Ua-Compatible: IE=Edge,chrome=1
Content-Length: 329114

<!DOCTYPE html><!-- STATUS OK -->
    <html><head><meta http-equiv="Content-Type"
...
```

可以看出，状态码是 200，状态码描述是 OK，之后是响应头键值对，通过 Server 可以得知百度的 Web 服务器叫作 BWS，最后就是空行和 HTML 源代码。

3.1.2 网络爬虫分类

实际开发中根据具体的代码实现与爬虫架构，可以将网络爬虫分为通用网络爬虫、聚焦网络爬虫、增量式网络爬虫与深层网络爬虫。

1. 通用网络爬虫（General Purpose Web Crawler）

通用网络爬虫又叫作全网爬虫，顾名思义，它的目标是整个互联网的数据，爬取的数据极为丰富，因此常用于搜索引擎中。它们往往从一些 URL 出发，辗转爬取，最终拓展到整个网络。一个爬虫程序的设计离不开发起请求、解析页面和内容存储三个方面。既然要存储海量的互联网数据，那这类爬虫对于爬虫的性能和数据的存储空间就会有高要求，而且因为 URL 数量过多，所以通用网络爬虫常会忽略爬行页面的顺序，并且采取并发的模式来提高爬取速度。

因为它要爬取海量的数据,所以此类爬虫的爬取策略常需要进行严格的设计与实践。目前,深度优先爬取策略和广度优先爬取策略是较为常见的。

(1) 深度优先爬取策略:按照页面深度进行排序,一次访问一级 URL,直到触底无法深入。

(2) 广度优先爬取策略:按照页面内容目录层次进行划分,爬取完同一层次的 URL 才会继续进入下一层进行爬取。

不过真正应用于实践当中的通用网络爬虫策略往往会非常复杂,并且穿插各类算法在其中。

2. 聚焦网络爬虫(Focused Web Crawler)

聚焦网络爬虫更适用于日常的爬虫需求,并不需要爬虫程序去获取整个互联网的资源,那是搜索引擎该做的事。它专注于某一主题,选择性爬取网页上与开发者已经定义的规则相匹配的数据资源,能够满足对于特定网站或者领域的信息爬取工作。

聚焦网络爬虫的爬取策略有以下四种。

(1) 基于内容评价:将用户输入的信息作为主题进行爬取,页面包含用户输入信息则认为与主题相关。

(2) 基于链接评价:根据页面结构信息分析爬取的 URL 的重要性,根据重要程度进行爬取优先级的排序。

(3) 基于增强学习:利用概率统计中的贝叶斯分类器,根据网页内容和链接文本对 URL 进行分类,计算出 URL 的权重,以决定爬取顺序。

(4) 基于语境图:结合机器学习系统,计算当前页面到相关的网页的距离,距离越近的页面的 URL 则越优先访问。

3. 增量式网络爬虫(Incremental Web Crawler)

增量式网络爬虫主要目的是长久地维持一个数据库,对于其中数据的稳健性和实时性具有高要求。简单来说,它对已经爬取过的网页页面采取增量式更新,再次爬取时就会只爬取新出现的或者发生改变的数据,对于没有发生变化的页面或数据则不会爬取。

此类爬虫常用的策略有以下三种。

(1) 统一更新:每隔一段时间将所有的页面再访问一遍,以达到更新数据的目的。

(2) 个体更新:根据个体网站的数据变化频率来指定重新访问的时间。

(3) 分类更新:将网页区分为数据变化迅速的和数据变化缓慢的,以不同频率访问这两类网页。

4. 深层网络爬虫(Deep Web Crawler)

深层网络主要指的是没办法直接访问到的页面,这类网页信息通常需要满足一定的要求才可以浏览,它隐藏在一些表单之后,不能通过静态链接直接获取,例如日常生活中遇到的一些必须登录、注册后才可以访问的网站。这类爬虫只需要搭配 GET 和 POST 请求便可以访问,主要难点在于破解 POST 提交信息时的网页数据加密。

此类爬虫的爬取策略有以下两种类型。

(1) 基于领域知识:维护一个本地的词库,通过语义分析来选取合适的关键词填写表单。

(2) 基于网页结构分析:在领域知识欠缺的情况下,根据网页结构进行分析,并自动填写表单。

3.1.3 网络爬虫与搜索引擎

首先,搜索引擎的制作离不开网络爬虫,如百度搜索引擎又叫作百度爬虫(BaiduSpider),Google 搜索引擎又被称为谷歌机器人(Googlebot)。此外,通用网络爬虫有时候也可以用来指代搜索引擎,那么是否搜索引擎就是网络爬虫呢?答案是否定的。搜索引擎是一项综合性的技术,网络爬虫是实现搜索引擎必不可少的一环,它只为搜索引擎提供数据,除此之外还需要结合建立全文索引、进行倒排文件以及提供查询服务等技术。

搜索引擎是为大多数用户提供检索服务的,所以有些冷门的没被列入索引的网站就没办法被实时获取到,而网络爬虫则可以通过个人定制,爬取这些网站,如理论上开发者编写的网络爬虫可以到达,但深层网络爬虫以及在 robots.txt 中明确禁止搜索引擎爬取的网站。

虽然开发者日常编写的网络爬虫远不及搜索引擎那般复杂与精密,但是却能够让人了解到搜索引擎内部的工作原理。而且搜索引擎也可以看作日常编写的多个定向聚焦的网络爬虫的聚合,当搜索引擎没办法完成定向的数据搜集工作时,编写一个自己的网络爬虫就显得极为重要。

视频讲解

3.2 编写网络爬虫

这里采用主流的 Python 语言来编写网络爬虫,配合 3.1 节中讲过的爬虫原理与流程进行实战,在爬虫编写后分析可用于反爬虫的切入点。

3.2.1 requests 请求库的使用

网络爬虫需要根据提供的 URL 发送 HTTP 请求包,才能够返回需要的信息,所以首先需要使用 requests 这一个 HTTP 请求库来发起请求。根据 HTTP 请求包的结构,首先需要有请求方法,requests 这一个请求库已经内置了 HTTP 1.1 协议中的所有方法,可以直接使用,如:

```
import requests
requests.get
requests.post
```

在发送 HTTP 请求包的时候,请求头部也是必不可少的,可通过自定义一个 Python 字典,将其作为参数传入请求方法中,通常来说可以把 Fiddler 抓包到的 HTTP 请求头部进行复制,如:

```
headers = {
    'User-Agent': 'Mozilla/5.0 (Windows NT 10.0; Win64; x64) AppleWebKit/537.36 (KHTML, like Gecko) Chrome/79.0.3945.88 Safari/537.36'
    }
```

这样就在 Python 中定义好了一个 HTTP 请求头部，如果要对百度首页发起请求获取页面内容，只需要找到百度首页的 URL，编写以下代码即可：

```
import requests
headers = {
'User-Agent': 'Mozilla/5.0 (Windows NT 10.0; Win64; x64) AppleWebKit/537.36
    (KHTML, like Gecko) Chrome/79.0.3945.88 Safari/537.36'
}
response = requests.get('http://www.baidu.com/', headers=headers)
if response.status_code == 200:
    print(response.text)
```

如果返回响应的状态码是 200 OK，就打印网页的源代码，运行这段代码后会得到百度首页的 HTML 文本。

3.2.2 bs4 解析库的使用

直接请求获取的网页源代码是没有任何作用的，需要根据自身的需求将需要的信息提取出来，所以先来了解一下 bs4 解析库的使用。它是通过将复杂 HTML 文本转化为树状结构进行定位的，每一个节点都是 Python 对象，要引入它也很容易，只需要编写以下代码：

```
from bs4 import BeautifulSoup
soup = BeautifulSoup(response.text, 'lxml')
```

将请求到的 HTTP 响应文本写入第一个参数，lxml 对应 bs4 选择的解析器，官方推荐使用 lxml 作为解析器，因为使用它效率更高。至于定位页面元素，这里主要使用 CSS 选择器，因为它编写简便，定位精准。在 CSS 选择器中"."对应 class 属性，"#"对应着 id 属性，通过 HTML 标签名以及 class 和 id 属性对页面节点进行定位。图 3-2 所示为百度首页部分源代码，如果要定位其中的"百度一下"按钮，编写的 CSS 语法就是 #su。

```
<input type="hidden" name="issp" value="1">
<input type="hidden" name="f" value="8">
<input type="hidden" name="rsv_bp" value="1">
<input type="hidden" name="rsv_idx" value="2">
<input type="hidden" name="ie" value="utf-8">
<input type="hidden" name="rqlang" value>
<input type="hidden" name="tn" value="baiduhome_pg">
<input type="hidden" name="ch" value>
▼<span class="btn_wr s_btn_wr bg" id="s_btn_wr">
    <input type="submit" value="百度一下" id="su" class="btn self-btn bg s_btn"> == $0
</span>
▶<span class="tools">...</span>
<input type="hidden" name="rsv_enter" value="1">
<input type="hidden" name="rsv_dl" value="ib">
```

图 3-2　百度首页部分源代码

以下是获取"百度一下"按钮文本的源代码：

```
from bs4 import BeautifulSoup
soup = BeautifulSoup(response.text, 'lxml')
btn = soup.select_one("#su")
print(btn['value'])
```

因为bs4返回的节点都是Python对象,所以如果要获取HTML标签中的元素,只需要像Python中获取字典的形式一样去获取。

3.2.3 编写简单网络爬虫

为了后续反爬虫工作的展开,有必要了解网络爬虫的编写流程,接下来以爬取百度搜索引擎的Python检索内容为例。

在百度搜索引擎中查找Python,会在浏览器上方得到URL地址,之后打开Fiddler进行抓包,查看HTTP请求包,如:

```
GET https://www.baidu.com/s?ie=UTF-8&wd=Python HTTP/1.1
Host: www.baidu.com
Connection: keep-alive
Pragma: no-cache
Cache-Control: no-cache
Upgrade-Insecure-Requests: 1
User-Agent: Mozilla/5.0 (Windows NT 10.0; Win64; x64) AppleWebKit/537.36 (KHTML,like Gecko) Chrome/79.0.3945.88 Safari/537.36
Sec-Fetch-User: ?1
Accept:text/html,application/xhtml+xml,application/xml;q=0.9,image/webp,image/apng,*/*;q=0.8,application/signed-exchange;v=b3;q=0.9
Sec-Fetch-Site: same-origin
Sec-Fetch-Mode: navigate
Referer: https://www.baidu.com/
Accept-Encoding: gzip, deflate, br
Accept-Language: zh-CN,zh;q=0.9
Cookie:PSTM=1593078681; BAIDUID=1D487D44FE512A2B72D79B17C511AEBA:FG=1;
BD_UPN=12314753;BDORZ=B490B5EBF6F3CD402E515D22BCDA1598;
BIDUPSID=3978FC862BDE8A5142693D114E1B0F07
```

复制其中的User-Agent和Cookie来构建HTTP请求头部,前者用于将爬虫伪装成Google Chrome浏览器来欺骗服务器,后者用于服务器对爬虫的身份识别。HTTP请求包构建完毕后,就需要解析获取到的HTML源代码,观察图3-3所示的百度搜索返回结果的网页源代码,发现除去广告之外的真实搜索结果中都有着共同的class。

再查看每个div标签,如图3-4所示。每个标签内部结构都是一样的,所以可以根据class编写CSS选择器。

爬取百度引擎的Python搜索结果的爬虫代码如下:

```
import requests
from bs4 import BeautifulSoup

headers = {
'User-Agent': 'Mozilla/5.0 (Windows NT 10.0; Win64; x64) AppleWebKit/537.36 (KHTML,like Gecko) Chrome/79.0.3945.88 Safari/537.36',
'Cookie':'PSTM=1593078681;BAIDUID=1D487D44FE512A2B72D79B17C511AEBA:FG=1;BD_UPN=12314753;
BDORZ=B490B5EBF6F3CD402E515D22BCDA1598;BIDUPSID=3978FC862BDE8A5142693D114E1B0F07'
```

```
}
response = requests.get('https://www.baidu.com/s?ie = UTF - 8&wd = Python',
headers = headers)
soup = BeautifulSoup(response.text,'lxml')
titles = soup.select("div.result.c - container h3")
for title in titles:
    print(title.text)
```

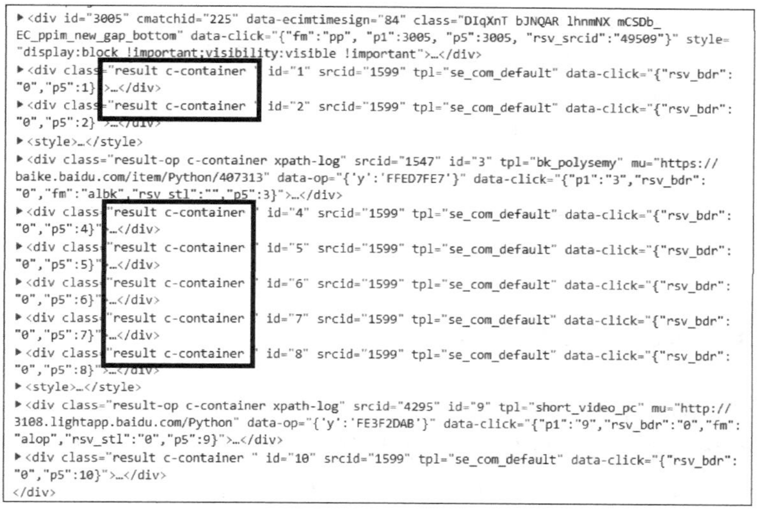

```
▶<div id="3005" cmatchid="225" data-ecimtimesign="84" class="DIqXnT bJNQAR lhnmNX mCSDb_
EC_ppim_new_gap_bottom" data-click="{"fm":"pp", "p1":3005, "p5":3005, "rsv_srcid":"49509"}" style=
"display:block !important;visibility:visible !important">…</div>
▶<div class="result c-container " id="1" srcid="1599" tpl="se_com_default" data-click="{"rsv_bdr":
"0","p5":1}">…</div>
▶<div class="result c-container " id="2" srcid="1599" tpl="se_com_default" data-click="{"rsv_bdr":
"0","p5":2}">…</div>
▶<style>…</style>
▶<div class="result-op c-container xpath-log" srcid="1547" id="3" tpl="bk_polysemy" mu="https://
baike.baidu.com/item/Python/407313" data-op="{'y':'FFED7FE7'}" data-click="{"p1":"3","rsv_bdr":
"0","fm":"albk","rsv_stl":"","p5":3}">…</div>
▶<div class="result c-container " id="4" srcid="1599" tpl="se_com_default" data-click="{"rsv_bdr":
"0","p5":4}">…</div>
▶<div class="result c-container " id="5" srcid="1599" tpl="se_com_default" data-click="{"rsv_bdr":
"0","p5":5}">…</div>
▶<div class="result c-container " id="6" srcid="1599" tpl="se_com_default" data-click="{"rsv_bdr":
"0","p5":6}">…</div>
▶<div class="result c-container " id="7" srcid="1599" tpl="se_com_default" data-click="{"rsv_bdr":
"0","p5":7}">…</div>
▶<div class="result c-container " id="8" srcid="1599" tpl="se_com_default" data-click="{"rsv_bdr":
"0","p5":8}">…</div>
▶<style>…</style>
▶<div class="result-op c-container xpath-log" srcid="4295" id="9" tpl="short_video_pc" mu="http://
3108.lightapp.baidu.com/Python" data-op="{'y':'FE3F2DAB'}" data-click="{"p1":"9","rsv_bdr":"0","fm":
"alop","rsv_stl":"0","p5":9}">…</div>
▶<div class="result c-container " id="10" srcid="1599" tpl="se_com_default" data-click="{"rsv_bdr":
"0","p5":10}">…</div>
</div>
```

图 3-3 搜索结果源代码

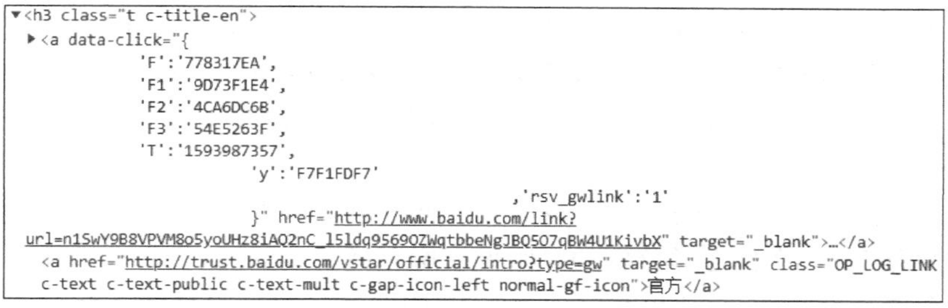

```
▼<h3 class="t c-title-en">
  ▶<a data-click="{
            'F':'778317EA',
            'F1':'9D73F1E4',
            'F2':'4CA6DC6B',
            'F3':'54E5263F',
            'T':'1593987357',
                    'y':'F7F1FDF7'
                                        ,'rsv_gwlink':'1'
                    }" href="http://www.baidu.com/link?
  url=n1SwY9B8VPVM8o5yoUHz8iAQ2nC_l5ldq95690ZWqtbbeNgJBQ5O7qBW4U1KivbX" target="_blank">…</a>
   <a href="http://trust.baidu.com/vstar/official/intro?type=gw" target="_blank" class="OP_LOG_LINK
   c-text c-text-public c-text-mult c-gap-icon-left normal-gf-icon">官方</a>
```

图 3-4 搜索结果内部节点

回顾编写这个简单爬虫的经历，首先要确定 HTTP 1.1 的头部信息，也就是请求方法、统一资源定位符、请求头部与请求体。请求方法，无非是 GET 和 POST 两种，前者用于获取信息，后者用于提交信息。对应在网页上，如果要在这里进行反爬虫，可以在 GET 获取信息页前加一层 POST，让爬虫必须模拟登录后才能查看数据。同时，在请求头部的传递中，可对 Cookie 进行动态更新，检测用户状态。在登录提交时，还能够添加验证码，验证码的传递可以使用 JS 参数加密。

在构造完爬虫请求后，需要对获取的网页信息进行解析，进一步提取爬虫需要的信息，这里也可以进行反爬虫。最简单的方法是设置反调试，不让爬虫开发者打开开发者工具。此外，上述爬虫使用 bs4 来解析 DOM 树，网站开发者可以不把信息放在网页上，爬虫虽然能够看到，但却获取不到，因为这是动态渲染的结果，背后使用 Ajax 加载。而且这里 Ajax

返回的数据可以进行加密,爬虫就算找到了请求接口,看到的也只是加密数据,除非得知JS脚本中的加密算法。

接下来进行归纳,从请求角度来说,反爬虫可以在HTTP数据包里进行:

(1) 要求用户注册登录后才能查看数据,发包形式为POST和GET的混合。

(2) 添加User-Agent、Referer或者Cookie头部校验。

(3) 增加验证码,将请求包中的参数进行JS加密。

从数据角度来说,反爬虫可以通过阻碍爬虫开发者查看网页源代码来进行:

(1) 禁止用户右击或者按F12键,让爬虫开发者打不开开发者工具。

(2) 添加控制台反调试,使用无限循环debugger妨碍用户调试。

(3) 改变数据加载方式,使用Ajax动态加载。

(4) 进行数据加密,返回的数据通过脚本文件解密后再展示。

(5) 对加密脚本进行混淆,让爬虫人员无法阅读源代码。

可以发现,反爬虫的方法基本都是针对爬虫的固定步骤展开,爬虫开发者编写爬虫需要哪一步,反爬虫就在哪一步上设置阻碍。

3.3 爬虫与反爬虫的博弈

从上述的网络爬虫原理可知,网络爬虫主要是发起HTTP请求,替代人类完成一些数据搜集工作。网络爬虫的入门和编写的门槛极低,会导致无规则恶意爬虫的流行,非正常数据提供服务的泛滥,以及线下的非法数据售卖,不仅会增加企业及公民信息外泄和被利用、被伪造的风险,也使得互联网商业竞争环境更加混乱和难以控制。

可以考虑以下三种情况。

(1) 某个爬虫开发者为了爬取自己想要的数据,在爬虫程序中使用多线程、多进程和异步,这样的爬虫在爬取目标网站时会侵占大量服务器资源,相当于进行了DDOS攻击。如果是没有太多资源的小型网站的服务器,在面对此类恶意爬虫时,就有很大概率会超出负载,发生瘫痪。

(2) 某一商品网站分发优惠券,这些资源本应当散布在关注商铺的用户手中,可个别技术人员使用网络爬虫,在优惠券分发的瞬间抢夺所有优惠券资源,之后再进行二手倒卖。

(3) 两个图片展示网站,如果其中一个网站使用网络爬虫,将另外一个网站的图片爬取下来在本站进行展示,这样被盗取图片的网站就会失去部分竞争力。

技术在需求中进步,反爬虫亦然。为了防范恶意爬虫,网站会架起反爬虫安全防护。面对的情况不同,反爬虫技术也不相同。接下来介绍图3-5中的爬虫开发者与网站开发者对抗的5个阶段:

1. 第一阶段

爬虫开发者:编写简单无头爬虫爬取目标网站数据。

网站开发者:发现大量网站资源被无头爬虫程序侵占,因此添加HTTP请求头部校验,检测Headers键值对。

2. 第二阶段

爬虫开发者:为爬虫程序增添浏览器请求头部,用于伪装成正常用户请求。

网站开发者：发现请求头键值对检测无效，但通过日志发现同一 IP 地址在短时间内发起大量 HTTP 请求，于是添加 IP 地址记录，对于频繁访问的 IP 地址实施封禁。

3．第三阶段

爬虫开发者：在爬虫程序以外构建 IP 代理池，用于替换被封禁的 IP。

网站开发者：发现大量低质量 IP 频繁访问网站，但只是请求 HTML，忽略 CSS 与 JS 文件，于是重构网站，将重要数据的传输方式设置为 Ajax 加载。

4．第四阶段

爬虫开发者：在众多请求包中找出 JSON 数据接口，通过访问接口进行数据爬取。

网站开发者：发现接口被找出，只好牺牲一些正常用户体验，限制为登录访问，并添加验证码，过滤爬虫机器人，在发包时进行 JS 参数加密。

5．第五阶段

爬虫开发者：注册账号模拟登录并借助深度学习神经网络，训练模型自动识别验证码。另外利用 JS 调试技巧，破解 JS 参数加密。

网站开发者：寻求专业防火墙公司建立反爬虫防火墙。

从上述对抗过程可以看出，爬虫开发者编写的简单 HTTP 请求到最后转变为了包含模拟登录、IP 代理池、图像识别和 JS 参数破解的完善网络爬虫程序，而网站开发者为了对抗爬虫不仅要承担牺牲部分用户体验的风险，还要增加网站的维护成本，加大开销。这无论如何都不是双赢的结局，开发者应该反思爬虫带来的新的网络安全问题。

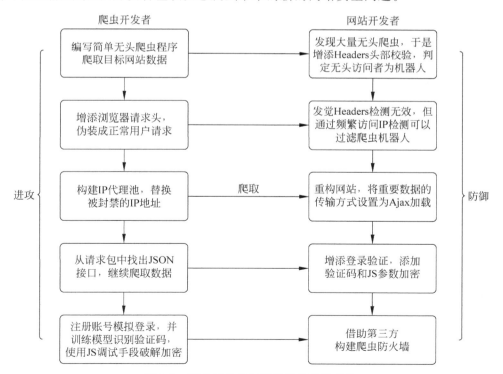

图 3-5　爬虫开发者与网站开发者的对抗

3.4 小结

本章讲解了爬虫与反爬虫的相关知识,使读者了解了网络爬虫的基本原理和开发流程,并讲述了爬虫与反爬虫的对抗,为下一章的常规反爬虫技术的学习打下基础。

3.5 习题

1. 简述网络爬虫开发流程。
2. HTTP 1.0 协议中没有规定以下哪个请求方法?
   A. GET　　　　　　B. POST　　　　　　C. PUT　　　　　　D. HEAD
3. 简述网络爬虫与搜索引擎的区别。
4. 使用用户延迟访问类去爬取一个网站。
5. 总结常见的反爬虫技术。

第4章

常规反爬虫技术

任何技术的学习都是由浅入深，在正式进入反爬虫 AST 技术和混淆还原之前，最好对基础的反爬虫技术有所了解。在第 3 章，对爬虫和反爬虫概念进行了详细介绍，本章将介绍一些常规反爬虫技术，并给出相应的应对方案。以这些常规反爬虫技术为基础，将深刻地理解后续的反爬虫 AST 技术。

4.1 Headers 头部校验

Headers 头部校验主要指的是服务器对 HTTP 请求报文中请求头键值对的检测。检测的键值对主要有以下三个。

（1）User-Agent：检测请求者的用户代理，此项缺失则判定为机器人。
（2）Referer：检测请求者是否以正常途径跳转到本页面，常用于防盗链技术。
（3）Cookie：检测请求者身份状态，需要登录才能访问的网站通常需要携带。

应对这类 Headers 头部检测非常容易，只需要在使用浏览器访问页面后进行抓包观察，多数情况下直接复制请求头部中的内容即可。需要注意的是，在需要登录才能访问的页面中，Cookie 是有时效性的，需要及时更新。

1. User-Agent 检测

以京东网站商品的爬取为例，如果在请求商品页时不携带 User-Agent 头部，就会触发反爬虫，若要正确返回内容，只需要新建 Headers 字典，建立请求头部的用户代理键值对，代码如下：

```
import requests
from bs4 import BeautifulSoup

url = 'https://item.jd.com/12842874.html'
headers = {'User-Agent': 'Mozilla/5.0 (Windows NT 10.0; Win64; x64)
```

```
AppleWebKit/537.36(KHTML, like Gecko) Chrome/79.0.3945.88 Safari/537.36'}
response = requests.get(url,headers = headers)
print(response.text)
```

2. Referer 检测

接着尝试爬取上海证券交易所的展示数据，如果在请求数据时不添加 Referer 头部，用于说明从何处跳转到此页面，网站就不会返回数据。这种反爬虫技术和 User-Agent 的应对措施一致，如：

```
import requests

url = 'http://query.sse.com.cn//marketdata/tradedata/queryStockTopByPage.do?&jsonCallBack = jsonpCallback98728&isPagination = true&rankCondition = 3&_ = 1594444522206'
headers = {
    'Referer': 'http://www.sse.com.cn/market/overview/'
}
response = requests.get(url,headers = headers)
print(response.text)
```

3. Cookie 传递

遇到需要登录才能获取网页数据，或需要跨请求保持参数时，可使用 requests 中的 session 对象，它会自动管理 Cookie。当用户登录一个页面时，它可以自动识别 response 中的 Set-Cookie 响应键值对，为后续请求维持这个 Cookie 以此来保持会话信息。下面编写一个 POST+GET 例子进行说明：

```
import requests
# 使用 session 共享 Cookie,不过也可以在 Headers 里面直接设置登录之后的 Cookie
url = "http://www.test.com/login"
# 输入账号密码
data = {"username": "test", 'password': "123456"}
headers = {
    "User – Agent": "Mozilla/5.0 (Windows NT 10.0; Win64; x64) "
    "AppleWebKit/537.36 (KHTML, like Gecko) Chrome/62.0.3202.94 Safari/537.36"
}
session = requests.session()
session.headers = headers
post_html = session.post(url, data = data) # POST 模拟登录
get_html = session.get('http://www.test.com/get') # 传递 Cookie 进行信息获取
print(get_html.text)
```

4.2 IP 地址记录

IP 地址记录主要是针对恶意爬虫，防止其短时间内大量发起 HTTP 请求,请求访问网站，造成网站资源的侵占。这种反爬虫手段的原理是检测异常访问的用户，如果有请求在短

时间(例如3s)内连续访问网站数十次,则会进行 IP 记录,将其判定为机器人,在该 IP 地址的 HTTP 请求再次发来时,服务器就回复状态码 403 Forbidden,禁止该请求继续访问,不过这种防护手段也有缺点,那就是容易"误伤"正常用户。

此种反爬虫手段的应对需要爬虫开发者尽量减缓 HTTP 请求间隔,以求达到正常访问页面相似的速度,避免被算法检测。或建立 IP 代理池,在进行 HTTP 请求时使用代理 IP 访问,本地 IP 会被隐藏在代理 IP 之后,即便被算法检测,也只需要更换新的 IP 地址。

豆瓣网站的防护是一个典型案例,如果在爬取豆瓣网站数据时用了多线程或多进程加速爬取,就会返回 403 Forbidden,下边分别给出两个解决方案的示例代码。

1. 用户延迟访问

示例代码如下:

```python
from urllib import parse
from datetime import datetime
import time
import requests

class DelayRequests:
    def __init__(self,delay = 3):
        self.delay = delay
        self.urls = {}
    def wait(self,url):
        netloc = parse.urlparse(url).netloc
        print(netloc)
        lastOne = self.urls.get(netloc,False)
        print(lastOne)
        if self.delay > 0 and lastOne:
            sleepTime = self.delay - (datetime.now() - lastOne).seconds
            if sleepTime > 0:
                time.sleep(sleepTime)
        self.urls[netloc] = datetime.now()
```

IP 地址的记录无非是因为爬虫访问同一个网站的速度过快,可让爬虫记录爬取过的网站域名。如果下一次访问与上一次访问的域名相同,且间隔在设置的延迟时间内,就让爬虫沉睡直到延迟时间跑满。

2. 构建 IP 代理池

如果经济实力允许,可去专业的 IP 代理网站购买爬虫 IP,这里给出通过爬取图 4-1 中的快代理网站的免费代理,构建 IP 代理池的代码方案。

首先观察网站翻页的 URL,发现每次只有数字更换,这样就可以构建一个 for 循环语句来实现 URL 的迭代翻新,代码如下:

```python
# https://www.kuaidaili.com/free/inha/1/
# https://www.kuaidaili.com/free/inha/2/
# https://www.kuaidaili.com/free/inha/3/
for i in range(1,10):
    url = 'https://www.kuaidaili.com/free/inha/{}/'.format(i)
```

IP	PORT	匿名度	类型	位置	响应速度	最后验证时间
119.119.252.97	9000	高匿名	HTTP	辽宁省沈阳市 联通	0.3秒	2020-07-05 04:31:01
115.29.108.117	8118	高匿名	HTTP	山东省青岛市 阿里云计算有限公司 阿里云	2秒	2020-07-05 03:31:01
122.243.8.64	9000	高匿名	HTTP	浙江省金华市 电信	2秒	2020-07-05 02:31:01
1.197.204.239	9999	高匿名	HTTP	河南省济源市 电信	3秒	2020-07-05 01:31:01
163.204.247.121	9999	高匿名	HTTP	广东省汕尾市 联通	2秒	2020-07-05 00:31:02
114.235.23.244	9000	高匿名	HTTP	江苏省徐州市 电信	2秒	2020-07-04 23:31:01
113.195.22.68	9999	高匿名	HTTP	江西省九江市 联通	3秒	2020-07-04 22:31:01
175.42.123.172	9999	高匿名	HTTP	福建省宁德市 联通	0.4秒	2020-07-04 21:31:01
121.232.199.115	9000	高匿名	HTTP	江苏省镇江市 电信	1秒	2020-07-04 20:31:01
122.5.108.132	9999	高匿名	HTTP	山东省淄博市 电信	0.5秒	2020-07-04 19:31:01
113.195.16.157	9999	高匿名	HTTP	江西省九江市 联通	2秒	2020-07-04 18:31:01

图 4-1 快代理网站页面

其次通过请求 URL 编写 CSS 语法定位页面的 IP 地址与端口,编写 get_proxy 函数用于获取页面的 IP 和 Port,代码如下:

```python
def get_proxy():
    for i in range(1,10):
        url = 'https://www.kuaidaili.com/free/inha/{}/'.format(i)
        response = requests.get(url)
        soup = BeautifulSoup(response.text,'lxml')
        datas = soup.select('tbody tr')
        proxies = {'http':'http://localhost:8888',
                   'https': 'http://localhost:8888'}
        for data in datas:
            ip = data.select('td')[0]
            port = data.select('td')[1]
            proxy = "http://" + ip.text + ":" + port.text
            proxies['http'] = proxy
            proxies['https'] = proxy
            print("Get Proxy ","IP:",ip.text," Port:",port.text)
            verify(proxies)
```

接着编写 verify 函数简单验证代理可用性,方法是使用传入的代理访问百度页面。由于无用代理请求耗费大量时间后抛出异常,因此这里限定 3s 内没有响应则判定代理无效,代码如下:

```python
def verify(proxy):
    try:
        response = requests.get('http://www.baidu.com/s?ie=UTF-8&wd=Python',
                    proxies = proxy,
                    timeout = 3)
        if response.status_code == 200:
            print("获取可用代理:{}".format(proxy))
    except:
        print('{}不可用'.format(proxy))
```

4.3 Ajax 异步加载

Ajax(Asynchronous JS And XML，异步 JS 和 XML)是一种创建交互式网页应用的网页开发技术。简单来说，就是在浏览一个页面时，URL 地址本身没有发生改变，页面内容却发生了动态更新，如网页端里百度图片的瀑布流加载。这时，直接使用 GET 请求去获取页面内容是定位不到具体内容的，因为它的获取一般是经由数据接口进行返回的。

面对此类技术，只需要进行网页抓包，在大量的数据包中寻找到真正包含网页内容的数据接口即可。因为数据如果渲染到页面，就一定会有数据包将其传输到客户端，开发者要做的只是将它找出来。一般而言，此类技术进行数据传输返回的结果都是 JSON 格式的，所以需要用 JSON 包进行数据解析。

以百度图片的爬取为例，首先进行抓包找到数据接口。这里能够定位的方法很多，可以使用前面讲过的 Ajax-hook 技术进行接口获取，也可以查看 Network 面板中的数据包。如图 4-2 所示，刷新页面后找到了百度图片加载的数据包。

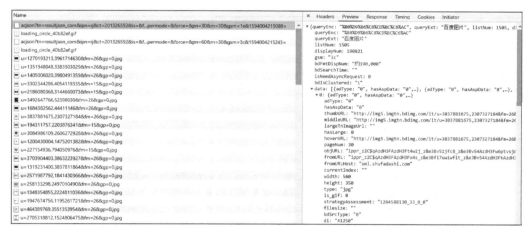

图 4-2　百度图片抓包

通过多个数据包的 URL 观察，发现图片的加载主要体现在 pn 值的变化，每加载一次，pn 数值增加 30。

```
pn = 30&rn = 30
pn = 60&rn = 30
pn = 90&rn = 30
```

由此可以构建百度图片动态加载的 URL 进行 GET 请求，然后进入页面内容解析的环节。从图 4-3 的结构中可以看出，接口返回的是 JSON 格式的响应，所以这里不需要使用 bs4 进行 DOM 语法树解析，按照 Python 中获取字典的形式获取就可以。

这里以获取缩略图 thumbURL 的图片地址为例，编写如下代码：

```
{queryEnc: "%B0%D9%B6%C8%CD%BC%C6%AC", queryExt: "百度图片", listNum: 1504, displayNum: 190821, gsm: "78",…}
  queryEnc: "%B0%D9%B6%C8%CD%BC%C6%AC"
  queryExt: "百度图片"
  listNum: 1504
  displayNum: 190821
  gsm: "78"
  bdFmtDispNum: "约190,000"
  bdSearchTime: ""
  isNeedAsyncRequest: 0
  bdIsClustered: "1"
  data: [{adType: "0", hasAspData: "0",…}, {adType: "0", hasAspData: "0",…}, {adType: "0", hasAspData: "0",…},…]
  ▼ 0: {adType: "0", hasAspData: "0",…}
      adType: "0"
      hasAspData: "0"
      thumbURL: "http://img3.imgtn.bdimg.com/it/u=2088816420,672816597&fm=11&gp=0.jpg"
      middleURL: "http://img3.imgtn.bdimg.com/it/u=2088816420,672816597&fm=11&gp=0.jpg"
      largeTnImageUrl: ""
      hasLarge: 0
      hoverURL: ""
      pageNum: 90
      objURL: "ippr_z2C$qAzdH3FAzdH3Ft4w2j_z&e3Bo5fitr4_z&e3Bv54AzdH3For-utsjfAzdH3FdadaAzdH3FacAzdH3F6o9TtQ6GXfzSN5yHxSIl_z&e3B3rj2"
      fromURL: "ippr_z2C$qAzdH3FAzdH3Fooo_z&e3Bo5fitr4_z&e3Bv54AzdH3FtpAzdH3Fnbbbabm_z&e3Bip4s?7p4_f576vj=p7tv55s&7p4_4j1t74=6juj66ws"
      fromURLHost: "www.woshipm.com"
      currentIndex: ""
      width: 929
      height: 443
      type: "jpeg"
      is_gif: 0
      strategyAssessment: "3299088104_28_0_0"
      filesize: ""
      bdSrcType: "11"
      di: "17960"
      pi: "0"
      is: "0,0"
```

图 4-3　JSON 格式数据包

```
import requests
def get_img():
    headers = {
        'User – Agent': 'Mozilla/5.0 (Windows NT 10.0; Win64; x64) 
AppleWebKit/537.36(KHTML,'' like Gecko) Chrome/79.0.3945.88 Safari/537.36'
        }
    for i in range(30,100,30):
        url = 'http://image.baidu.com/search/acjson?tn = resultjson_com&ipn = rj&ct = 201326592&is
= &fp = result&queryWord = % E7 % 99 % BE % E5 % BA % A6 % E5 % 9B % BE % E7 % 89 % 87&cl = 2&lm = − 1&ie = 
utf − 8&oe = utf − 8&adpicid = &st = &z = &ic = &hd = &latest = &copyright = &word = % E7 % 99 % BE % E5 %
BA % A6 % E5 % 9B % BE % E7 % 89 % 87&s = &se = &tab = &width = &heig
    ht = &face = &istype = &qc = &nc = 1&fr = &expermode = &force = &pn = { }&rn = 30&gsm =
5a&1594004215737 = '.format(i)
        response = requests.get(url,headers = headers)
        imgs = response.json()['data']
        for img in imgs:
            print(img['thumbURL'])
```

4.4　字体反爬虫

不同于一般的反爬虫思路,字体反爬虫主要在数据上进行。要获取的网页数据在浏览器中可正常查看,但在将其复制到本地后就会得到乱码。它的原理是,网站自定义创造一套字体,构建映射关系后将其添加到 css 的 font 中。在浏览器中查看时,网站会自动获取这些文件,从而建立对应关系映射得到字符。而爬虫开发者在编写网络爬虫时,往往只会请求网页的 URL 地址,这就造成了映射文件的空缺,没有字符集能够解析这些字符,导致乱码问题。

字体反爬虫的突破有两种方法：(1)找到 font 文件的 URL 请求地址，将其下载到本地后使用 xml 解析工具解析，然后就可以根据其中的字符对应关系，建立本地映射进行字符替换；(2)手动复制其中的加密字符，在本地通过 encode 编码后得到对应编码，建立自己的本地映射字典，然后进行字符爬取替换。可以使用第二种方法，是因为字体反爬虫的加密字符通常不会很多，大多是对阿拉伯数字和部分网站常用汉字进行加密，所以可以直接复制进行编码映射。

以实习僧网站的数据爬取为例，在查找了关于 Python 的职位后，打开控制台查看网页源代码，对照图 4-4 中的页面展示信息和图 4-5 中的网页源代码可以发现，源代码中的个别汉字与阿拉伯数字是无法显示的字符，这是由于实习僧网站关于职位的 HTML 标签都附加了自定义的 font 文件，进行了字体反爬虫。

图 4-4 实习僧网页显示

```
<div data-v-38976f87>
  <div class="intern-wrap intern-item" data-v-2351c794 data-v-38976f87>
    <div class="clearfix intern-detail" data-v-2351c794>
      <div class="f-l intern-detail__job" data-v-2351c794>
        <p data-v-2351c794>
          <a href="https://www.shixiseng.com/intern/inn_cukcjiahxsfz?pcm=pc_SearchList" title="全栈
&#xefba&#xf256&#xef4c（实习）" target="_blank" class="title ellipsis font" data-v-2351c794>全栈□□□（实习）</a>
          <!---->
          <span class="day font" data-v-2351c794>□□□-□□□□/天</span>
        </p>
        <p class="tip" data-v-2351c794>...</p>
      </div>
      <div class="f-r intern-detail__company" data-v-2351c794>...</div>
      ::after
    </div>
    <div class="clearfix advantage-wrap tip" data-v-2351c794>...</div>
    <!---->
```

图 4-5 实习僧网页源代码

这里采用第二种方式进行还原。以还原职位信息中的数字为例，首先复制单个无法显示的字符，之后进行 encode 编码。这里以数字 1~3 的映射为例：

```
one = ' '.encode('utf-8')
two = ' '.encode('utf-8')
three = ' '.encode('utf-8')
```

编写网络爬虫爬取职位信息，会发现原本乱码的数字 1~3 被爬虫还原，可自行复制汉字字符与其他数字进行试验。

```
import requests
from bs4 import BeautifulSoup
one = ' '.encode('utf-8')
two = ' '.encode('utf-8')
```

```
three = '   '.encode('utf-8')

headers = {
'User-Agent': 'Mozilla/5.0 (Windows NT 10.0; Win64; x64) AppleWebKit/537.36
    (KHTML,like Gecko) Chrome/79.0.3945.88 Safari/537.36'
}
response = requests.get('https://www.shixiseng.com/interns?page=1&keyword=Python',headers
=headers)
soup = BeautifulSoup(response.text,'lxml')
salary = soup.select('span.day.font')
for s in salary:
    number = s.text.encode("utf-8").replace(one,b'1').\
        replace(two,b'2').replace(three,b'3')
    print(number.decode("utf-8"))
```

4.5 验证码反爬虫

如今的互联网恶意爬虫横行,上述的反爬虫手段虽然可行,但被恶意爬虫突破也很容易。为了应对这种情况,就诞生了验证码,从最开始的英数验证码到如今的图片点选验证码,验证码技术不断更新迭代。验证码的防护主要分为两个阶段:登录注册阶段和访问页面阶段。前者是为了将恶意爬虫拦在门外,让用户进入;后者是为了清理那些突破了登录注册阶段、进入页面爬取的恶意爬虫。如果服务器检测到某 IP 地址在短时间内大量访问,不会直接封禁用户,而是出现验证码,这样就避免了对用户的误伤。如果是正常用户,自然可以通过这些点选识别的验证码,但如果是机器人的话就很难突破。

这类反爬虫手段的应对主要是对接各大验证码识别平台,或是通过训练深度学习神经网络模型,让模型帮助爬虫程序通过验证码。如今深度学习框架盛行,训练模型早已不是难事,单纯的验证码识别已经拦不住搭配了深度学习模型的网络爬虫,所以网站开发者会在验证码识别背后再加上较复杂的 JS 参数加密,即便验证码被识别,也很难构造出最终的加密结果,这样就提高了破解门槛。不过使用特殊的测试工具,例如 selenium,可以直接搭配训练模型模拟人类行为通过验证码,无须破解 JS 加密参数。

如今的验证码已不再是以前的英数验证码。如在 2.4 节中讲过的网易易盾滑块验证码,这类复杂验证码识别的最好的破解方式是通过深度学习,训练模型自动识别,但这会涉及过多深度学习方面的知识,此处不再展开。对于常见的英数验证码,可以直接使用光学字符识别(需要安装 pytesseract 第三方库)。运行以下代码后,就可以将图 4-6 所示的数字验证码直接识别出来:

图 4-6 数字验证码

```
from PIL import Image
import pytesseract

image = Image.open('1234.png')
print(pytesseract.image_to_string(image))
```

4.6 JS 参数加密

JS 参数加密常用于 POST 表单提交，主要是为了防范恶意机器人批量注册与模拟登录等行为。如果对 POST 表单进行抓包，会发现在表单里输入的数据被加密成了不可知的字符串，这主要是通过加载网站的本地 JS 脚本实现的。

此类加密的破解通常需要开发者能够读懂目标网站的 JS 加密脚本，并进行一系列的删改操作，用静态分析逐步从庞大的 JS 脚本中将具体的加密函数提取出来，在本地模拟运行得到加密结果，再通过 POST 发包将参数进行传递，得到正常反馈。

这类反爬虫手段的破解手段主要有以下两种。

（1）简单的加密可以直接使用 Python 语言进行复现。

（2）较复杂一些的加密可以将具体函数提取出来，组成加密脚本后模拟运行。

下面针对这两种破解手段给出两个例子，分别是今目标登录和淘宝登录。

1. 今目标密码加密

以图 4-7 中所示的今目标登录的 JS 参数加密为例。

图 4-7　今目标登录页面

填写账号 18888888888 和密码 123456789 后（这里仅作学习研究，账号和密码不必使用真实信息），单击"登录"按钮，在 Fiddler 抓包工具中找到对应数据包。请求包如下所示：

```
POST https://sso.jingoal.com/oauth/authorize?client_id = jmbmgtweb&res
ponse_type = code&state = % 7Baccess_count % 3A1 % 7D&locale = zh_CN&redirect_uri = https % 3A %
2F % 2Fweb.jingoal.com % 2F HTTP/1.1
Host: sso.jingoal.com
Connection: keep – alive
Content – Length: 99
Pragma: no – cache
Cache – Control: no – cache
Accept: application/json, text/plain, * / *
User – Agent: Mozilla/5.0 (Windows NT 10.0; Win64; x64) AppleWebKit/537.36 (KHTML,like Gecko)
Chrome/79.0.3945.88 Safari/537.36
```

```
Content-Type: application/x-www-form-urlencoded; charset=UTF-8
Origin: https://sso.jingoal.com
Sec-Fetch-Site: same-origin
Sec-Fetch-Mode: cors
Referer: https://sso.jingoal.com/oauth/authorize?client_id=jmbmgtweb&response_type=code&state=%7Baccess_count%3A1%7D&locale=zh_CN&redirect_uri=https%3A%2F%2Fweb.jingoal.com%2F
Accept-Encoding: gzip, deflate, br
Accept-Language: zh-CN,zh;q=0.9
Cookie: _ga=GA1.2.1166981312.1594037802; _gid=GA1.2.641962061.1594037802; Hm_lvt_586f9b4035e5997f77635b13cc04984c=1594037803; route=b1b0f76fbe2a4986f8e0ee430e7ff8ca
login_type=default&username=18888888888&password=f7c3bc1d808e04732adf679965ccc34ca7ae3441&identify=
```

可以发现在请求体中存在着两个关键键值对，一个是 username，代表着用户名；一个是 password，代表着密码。这里的密码应当是输入的 123456789，现在变成为一串加密字符，显然今目标网站存在着对 password 的加密传输。

打开开发者工具来查找 JS 加密脚本，在 search 栏中输入关键词 password 进行全局搜索，定位到图 4-8 的 load-login 脚本文件。再次全局搜索 password，就可以在脚本的 1899 行找到加密函数。

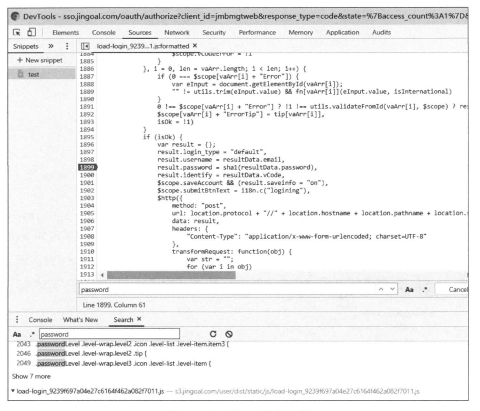

图 4-8　load-login 脚本文件

可以发现这里的加密函数是使用了 JS 语言的 sha1 加密，如：

```
result.password = sha1(resultData.password)
```

使用 Python 脚本对本地密码进行 sha1 加密，并发送 POST 请求包即可完成登录，代码如下：

```
import hashlib
import requests
headers = {'User-Agent':'Mozilla/5.0(Windows NT 10.0; Win64; x64)
AppleWebKit/537.36 (KHTML, like Gecko) Chrome/79.0.3945.88 Safari/537.36'
}
url = ' https://sso.jingoal.com/oauth/authorize?client_id = jmbmgtweb&response_type =
code&state = %7Baccess_count%3A1%7D&locale = zh_CN&redirect_uri = https%3A%2F%2Fweb.
jingoal.com%2F'
data = {
    'login_type': 'default',
    'username': 18888888888,
    'password': hashlib.sha1('123456789'.encode()).hexdigest()
}
html = requests.post(url,data = data,headers = headers)
print(html.text)
```

在网络爬虫比较严重的网站，就不会使用这么简单的 JS 加密了。这时，需要开发者仔细地对代码进行调试分析。

2．淘宝密码加密

以淘宝登录的 JS 加密算法为例。在淘宝的登录页面输入用户名和密码登录时，会发现在 Network 面板中有一个 POST 登录请求包。查看发送的 POST 数据，如图 4-9 所示，这里主要分析淘宝对输入的密码的加密，也就是参数 password2。

图 4-9　淘宝加密参数

按图4-10的步骤编号顺序依次单击和输入信息，定位到淘宝网站加密密码的JS文件。

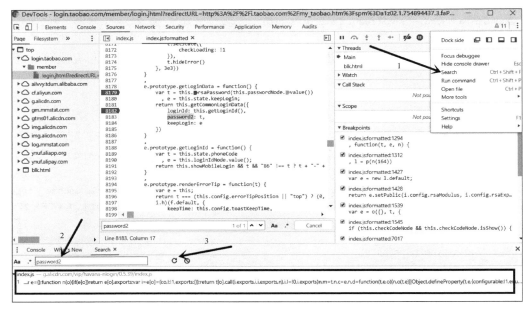

图4-10 参数搜索流程

然后，在脚本文件中全局搜索参数password2，发现仅有一处匹配。password2是通过t赋值得来，找到t的定义函数，可知使用了RSA加密，于是在8179行和8182行分别设置断点，准备跟进rsaPassword加密函数。

回到登录页面，单击"登录"选项，进入DEBUG模式。然后按F11键，直到它跟进rsaPassword函数，加密代码如下所示：

```
i.rsaPassword = function(t) {
    var e = new l.default;
    return e.setPublic(i.config.rsaModulus, i.config.rsaExponent),
    e.encrypt(t)}
```

这是一个典型的RSA加密过程，通过setPublic设置了公钥，之后进行了参数加密。现在需要找到其中e的值，可以在e的声明处设置断点，按F11键跟进，发现它实际上是D函数；而且还存在setPublic和encrypt两个函数，这样一来加密函数就都找到了。

```
var o;
function i(t, e, n) {
null != t && ("number" == typeof t ? this.fromNumber(t, e, n) : null == e &&
    "string" != typeof t ? this.fromString(t, 256) : this.fromString(t,e))}
    …
function D() {
    …
    D.prototype.setPublic = function(t, e) {
    …
```

```
D.prototype.encrypt = function(t) {
    …
e.default = D
}
```

继续按 F11 键,回到 setPublic 函数,查看右边的 Scope 作用域,找到图 4-11 中的 rsaExponent 和 rsaModulus 并复制。

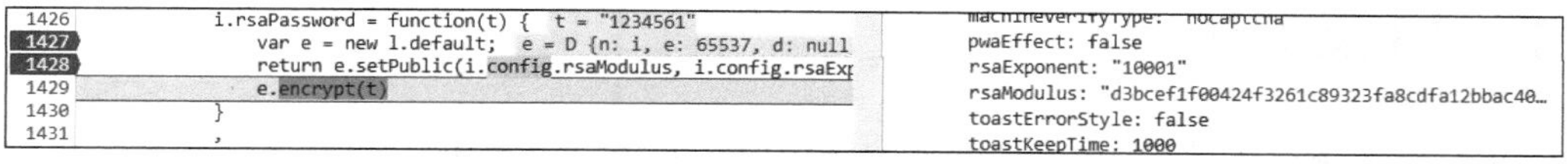

图 4-11 Scope 作用域

复制找到的加密 JS 代码,命名为 password2.js 存储在本地,并编写 getPwd 接口用于 Python 调用,如下所示部分代码:

```
this.navigator = {};
this.window = this;

var o;
…
rsaPassword = function(t) {
    var e = new D;
    return
e.setPublic("d3bcef1f00424f3261c89323fa8cdfa12bbac400d9fe8bb627e8d27a44bd
5d59dce559135d678a8143beb5b8d7056c4e1f89c4e1f152470625b7b41944a97f02da6f6
05a49a93ec6eb9cbaf2e7ac2b26a354ce69eb265953d2c29e395d6d8c1cdb688978551aa0
f7521f290035fad381178da0bea8f9e6adce39020f513133fb", "10001"),
e.encrypt(t) }

function getPwd(pwd) {
    return rsaPassword(pwd);
}
```

最后,通过 Python 脚本执行这个 JS 脚本,获取密码的加密结果,代码如下:

```
import execjs
def getpwd(password):
    with open('password2.js', 'r', encoding = 'utf8')as f:
        content = f.read()
    jsdata = execjs.compile(content)
    pw = jsdata.call('getPwd', password)
    print(pw)
    return pw
if __name__ == '__main__':
    getpwd('123456')
```

使用了 Python 的第三方包 execjs,它的用途是在 Python 脚本中执行 JS 文件,这里用

来模拟运行 password2.js 脚本文件,得到的输出结果如下:

```
0d0ba6b20952c309c0b40944e09cd5edead4c9272811d040b6b67f982c539012f0f5bee9
8848bbd401991bd935e4414414791a4fff6e722d9ea7f1474f4c5e6d0a17ee988829478a
a3edc1492074c41c74cc562bbd535986a019aceabf32f901e6e7f2e75658dd366a229191
ac1 e025ac61e7522e621a8243385936ac3b59645
```

4.7 JS 反调试

JS 参数加密对于熟悉 JS 语言的开发者来说,防范的门槛不高。为了防止开发者对网站加密文件的分析,诞生了 JS 反调试。

最简单的方法是禁止用户右击以及按 F12 等键,这种简单的防护只需要修改对应键,或在新窗口中打开开发者工具,再切换回原页面即可。

较难一些的方法主要是通过检测用户是否打开了浏览器开发者工具,或者是否修改了本地 JS 脚本文件,从而判断是否进行无限循环 debugger 的卡顿,让开发者无法进行脚本调试。这种反爬虫的破解需要熟悉 JS Hook 相关知识,因为检测控制台状态和脚本文件状态的源代码大同小异,可通过编写 Chrome 拓展插件自动 Hook 反调试代码并进行函数替换,从而通过检测,让开发者能够进行静态分析,第 10 章将对此进行专门讲解。

以打开控制台就会进入无限循环 debugger 的反调试为例。如图 4-12 所示,打开 Chrome 开发者工具,网站会进入无限循环 debugger 中。

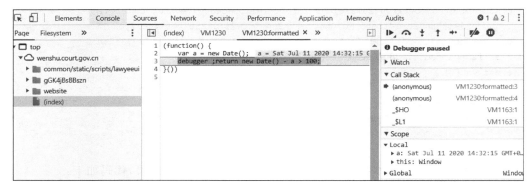

图 4-12　无限循环 debugger

应对这样的反调试十分容易,可以运用第 2 章中学习过的条件断点或者本地覆盖。

(1) 条件断点:在 debugger 所在行设置条件断点,写入 false 即可通过反调试。

(2) 本地覆盖:在使用本地覆盖时,发现这个 JS 文件的名字是 VM1230,显然不是正常的 JS 脚本文件。因为当 Ajax 加载 HTML 内容时,如果包含 script 标签,Chrome 就会自动对脚本进行 eval() 运算,并被 Chrome 的 Sources 面板识别为以 VM 开头的新文件。可以转到 Network 面板,找到 Ajax 请求,原始的 JS 会存放在响应里。然后在本地去除其中的 debugger 或者反调试函数,将修改过的文件返回回去。

4.8 AST 混淆反爬虫

理论上,任何反爬虫手段都无法阻止爬虫的进入,因为如果一个网站想要有用户流量,必然不会设置太高的门槛导致正常用户无法访问。只要开发者的网络爬虫尽可能地模拟正常用户访问网站的情形,就能够进入网站。

虽然无法根绝网络爬虫的进入,却可以提高网络爬虫进入的门槛,将网站的损失降到最低。在所有的反爬虫防护手段中,JS参数加密的防护效果相对出色,它能阻挡大多数低技术力的爬虫开发者。现在的网站即便是使用了验证码防护,其背后的 HTTP 请求传输也会使用 JS 对验证码参数进行加密,它虽然没办法完全阻止爬虫的进入,却能让爬虫开发者耗费大量时间在破解上,这是一种成本低廉却有效果的手段,如果网站的加密脚本经常更换,即便是再老练的爬虫开发者也会疲于奔命,因此如何加大 JS 脚本的破解难度是一个关键点。

常见的防止开发者调试 JS 脚本文件的方法,无非是禁止右击和禁止打开开发者工具,或者使用 JS 代码进行检测,但这些方法都存在着通用的解决方案,因为它们的防护等级并不算高,只要熟练使用搜索引擎就可以通过。要想在 JS 脚本防护上尽可能延长被爬虫破解的时间,最好的方法就是使用 AST 抽象语法树对 JS 脚本代码进行高度混淆,将其转化生成不可阅读、不可识别、却能正常运作的乱码文件。著名的瑞数安全公司就是以动态加密为核心,对 JS 脚本进行 AST 混淆,并进行持续不断的动态变换,每次混淆使用不同算法,实现了动态封装、动态混淆和动态令牌等安全措施,它提供了高度安全的防护方案,保护了许多网站免受恶意爬虫的侵害。

例如,可以将简单的函数混淆为不可知代码,代码如下:

```
function test(){
    return "test";
}
```

混淆加密后的代码如下:

```
var arr = ["dGVzdA=="];
!function (\u006d\u0079\u0041\u0072\u0072, \u006e\u0075\u006d) {
  var \u0063\u006f\u006e\u0066\u0075\u0073 = function (\u006e\u0075\u006d\u0073) {
    while ( -- \u006e\u0075\u006d\u0073) {
\u006d\u0079\u0041\u0072\u0072
["\x75\x6e\x73\x68\x69\x66\x74"]
(\u006d\u0079\u0041\u0072\u0072["\x70\x6f\x70"]());}};
\u0063\u006f\u006e\u0066\u0075\u0073(++\u006e\u0075\u006d);}
    (\u0063\u006f\u006e\u0076\u0065\u0072\u0074\u0041\u0072\u0072,     0x9);
function _0x2aa86c() {
  return atob(arr[0]);}
```

AST 混淆反爬虫是目前比较实用的防护方案,因为它能和不少常见的反爬虫措施结合起来使用。因此,AST 反爬虫技术是未来大多数网站会逐步应用的反爬虫技术。

4.9 小结

本章介绍了如今流行的各类反爬虫技术，包括 Headers 头部检测、IP 地址记录、Ajax 异步加载、验证码、JS 加密与反调试，最后引入了 AST 混淆反爬虫的概念，其中的 JS 反调试将在第 10 章进行详细讲述，第 5 章将学习混淆 JS 的常规逆向方法。

4.10 习题

1. 简述什么是 Ajax 异步加载。
2. 请制作百度图片下载器。
3. 请对比 IP 地址记录中延迟访问与 IP 代理池的优缺点。
4. 简述 Sources 面板中 VM 文件生成的原因。
5. 简述 AST 混淆反爬虫的优点。

第 5 章

混淆JS手动逆向方法

本章主要通过实战,对一个具体网站的混淆JS脚本进行逆向分析,掌握混淆JS的手动逆向方法,体会手动还原混淆的特点,为后续自动化还原的学习打下基础。

注意,在本书的JS手动逆向中,分析的案例仅供思路上和方法上的学习。混淆网站的手动解决方案是类似的,同时也防止大量读者测试给目标网站造成困扰,本章的学习不需要读者实践,只需要掌握其中的分析方法即可。

5.1 混淆脚本分析

5.1.1 定位加密入口

一般来说,网站如果存在复杂验证码,都会配合JS参数加密增加防护等级。在本节分析的网站登录页面输入用户名和密码,这里输入的用户名是 18888888888,密码是 123456,单击"登录"按钮后,会弹出图 5-1 中的图片点选验证码,这个验证码的 POST 参数加密脚本中会添加JS混淆。

根据图片内容选择并提交验证码后,在 Chrome 的 Network 面板中会存在一个 POST 请求包,其中提交了下面 Clientid、data、username 和 password 四个参数,由这四个参数可以得知 POST 提交的 username 在原有账户的基础上加了 e5,而 password 是不变的,主要的加密点是 clientid 和 data 参数。

图 5-1 图片点选验证码

```
clientid = 37eyi5ph8ie
data = 94643643750464364075848l125
username = e518888888888
password = 123456
```

这个 POST 包是一个 Ajax 请求，生成的是 VM 新文件，选择直接查看 Network 面板中请求包的函数调用堆栈，如图 5-2 所示，通过单击图片中的请求调用堆栈进行快速定位。

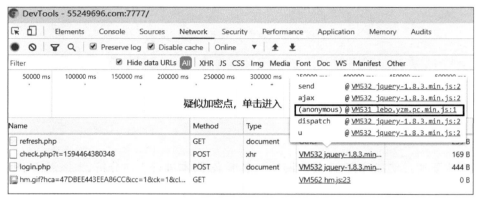

图 5-2　请求调用堆栈

单击后跳转到 Sources 面板的加密脚本中，通过图 5-3 的代码可知该 JS 脚本进行了混淆，目前已经成功定位了 JS 加密入口。

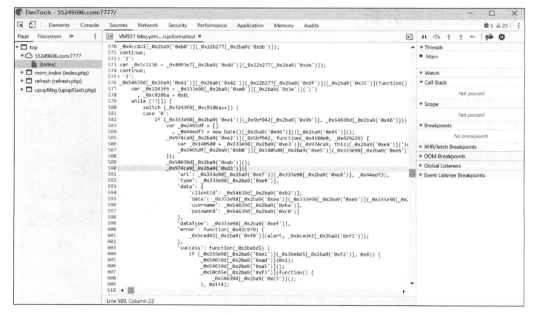

图 5-3　混淆脚本代码

5.1.2 混淆特征分析

常规的混淆方法都是有迹可循的,主要有数组混淆、数组乱序、字符串混淆和 switch 流程控制平坦化等。调试混淆脚本时,如果大致了解各个混淆函数的作用,可以大大方便爬虫开发者对混淆脚本的还原。

1. 数组混淆和数组乱序

数组混淆是将全脚本的所有字符串进行提取加密,在 JS 脚本头部组成加密字符串数组,之后的字符串调用将以获取数组的形式获取字符串。不过这样不安全,因为字符串在数组中的顺序是固定的,如 arr[0] 就是数组的第一个元素,arr[1] 就是数组的第二个元素,缺少数组元素的乱序。因而数组混淆和数组乱序通常会搭配使用。

数组混淆的特征是,混淆脚本头部会存在一个较长的字符串加密数组。数组乱序还原函数的特征是代码中包含 push 和 shift 字符串,用于打乱数组顺序。

通过阅读网站的混淆脚本,发现第一行是一个长度为 353 的数组,可以判定这属于常见的数组混淆。在其附近应该存在数组乱序还原函数,阅读后发现第二行代码开始的函数中包含 push 和 shift,代码如下:

```
var _0x524cab = function(_0x18d3aa) {
    while (--_0x18d3aa) {
        _0x5cb8ac['push'](_0x5cb8ac['shift']());
    }
};
```

在这个数组函数之后设置普通断点,比较原数组顺序和运行该函数后的数组顺序,测试此函数是否为数组乱序还原函数。

脚本中的数组顺序如下:

```
var_0x5a19 = ['IiBjbGFzcz0iYnV0dG9uIHdoaXRlIj48Y2FudmFzIHdpZHRoPSI1MHB4IiBo
ZWlnaHQ9IjQwcHgiIHN0eWxlPSJ3aWR0aDo1MHB4O2hlaWdodDo0MHB4IiBpZD0iYnRuRuY2Fud
l8 = ', 'Ij48L2NhbnZhcz48L2Rpdj48L2Rpdj4 = '...];
```

数组乱序还原函数运行后 Console 面板会输出数组顺序如下:

```
["Mnw5fDN8MTB8MTJ8MHwxNXw3fDZ8NHwxfDh8MTZ8NXwxMXwxN3wxM3wxNHwxOA == ","MTd8
MTV8NHwxMHw1fDE2fDE0fDB8OHw5fDN8MTh8MTJ8MXwyfDd   8MTN8NnwxMQ == "...];
```

可以发现数组顺序不同,证实脚本进行了数组混淆,也定位了数组乱序还原函数。

2. 字符串加密

比较常用的是 base64 加密,特征是脚本中会存在 atob 方法,用于 base64 加密文本的解密。

此脚本在数组混淆还原函数后,紧接着就是字符串解密函数,代码如下:

```
_0x56f6ba['atob'] || (_0x56f6ba['atob'] =
function(_0xdc2fd0) {
...
```

3. 字符串花指令

混淆脚本里也会存在字符串花指令。这是一些无用代码，主要是为了增加爬虫工作者的破解难度，最常见的字符串花指令就是四则运算的改写。

例如，此网站的混淆脚本将 a+b 类型的代码混淆为如下形式：

```
//加法运算花指令
    function(_0x2c3d11, _0x4fae60) {
        return _0x2c3d11 + _0x4fae60;
}
```

混淆脚本中将 a*b 类型的代码混淆为如下形式：

```
//乘法运算花指令
    function(_0x1a8117, _0x3e3864) {
        return _0x1a8117 * _0x3e3864;
}
```

4. switch 流程控制平坦化

switch 流程控制平坦化会把原先的代码执行链拆分为 switch 判断的多循环结构，作为 switch 执行的分发器，然后将原本的代码改写为 switch 形式，按照分发器的顺序进行 case 判断。好处是可以将原本几十行的 JS 代码混淆为上千行的 case 代码，这种混淆最显著的特征为存在一个循环的 while 结构，其中包含多个以数字为判断条件的 case 结构，在它上面的变量声明一般为分发器。

本脚本的 switch 流程控制平坦化代码如下：

```
//分发器
var _0x167f85 = _0x1f20d3[_0x2ba9('0x3d')][_0x2ba9('0x3e')]('|'),
    _0x57c351 = 0x0;
//switch 流程执行
while (!![]) {
        switch (_0x167f85[_0x57c351++]) {
        case '0':
            _0x41fffd[_0x2ba9('0x3f')][_0x2ba9('0x40')] =
                function() {
                this[_0x2ba9('0x41')][_0x2ba9('0x42')]
                (_0x22b277[_0x2ba9('0x43')])
                [_0x2ba9('0x44')]();
            };
            continue;
        case '1':
            _0x41fffd[_0x2ba9('0x3f')][_0x2ba9('0x45')] =
                function(_0x1191a7) {
```

```
                this[_0x2ba9('0x46')] = _0x1191a7;
            };
            continue;
        case '2':
            var _0x22b277 = {
                'emRGu': _0x1f20d3[_0x2ba9('0x47')],
……
```

5.1.3 加密函数还原

需要获取的是 POST 请求包中的 data 参数,从图 5-3 的混淆入口可以提取出 Ajax 发送请求前的代码,如下所示:

```
_0x54639d[_0x2ba9('0xab')]();
_0x974ca9[_0x2ba9('0xd3')]({
'url':_0x333e98[_0x2ba9('0xe7')](_0x333e98[_0x2ba9('0xe8')],
_0x44edf3),
'type': _0x333e98[_0x2ba9('0xe9')],
'data': {
'clientid': _0x54639d[_0x2ba9('0xb2')],
'data':_0x333e98[_0x2ba9('0xea')](_0x333e98[_0x2ba9('0xeb')](_
0x333e98[_0x2ba9('0xec')](_0x333e98[_0x2ba9('0xec')])
   (_0x333e98[_0x2ba9('0xed')](_0x2465df[_0x2ba9('0xbf')](''),
   ''),_0x54639d[_0x2ba9('0x9a')]),''),
   _0x44edf3[_0x2ba9('0x97')](-
0x2)),_0x333e98[_0x2ba9('0xee')]),
'username': _0x54639d[_0x2ba9('0xba')],
'password': _0x54639d[_0x2ba9('0xc0')]}
```

取出其中的 data 加密函数,接下来的工作就是破解还原这段混淆代码,代码如下:

```
_0x333e98[_0x2ba9('0xea')](_0x333e98[_0x2ba9('0xeb')](_0x333e9
8[_0x2ba9('0xec')](_0x333e98[_0x2ba9('0xec')](_0x333e98[_0x2ba
9('0xed')](_0x2465df[_0x2ba9('0xbf')](''),''),_0x54639d[_0x2ba
9('0x9a')]),''),_0x44edf3[_0x2ba9('0x97')](-0x2)),_0x333e98[_0
x2ba9('0xee')])
```

通过观察发现这段混淆代码是一个函数调用,为了得到它的具体函数代码,需要切换到 Console 面板中,在控制台对_0x333e98[_0x2ba9('0xea')]进行调试输出,如:

```
function(_0x195c56, _0x740bf6) {
        return _0x22b277[_0x2ba9('0xff')](_0x195c56, _0x740bf6);
    }
```

通过调试发现这是字符串花指令,继续在控制台中跟进函数_0x22b277[_0x2ba9('0xff')],如:

```
function(_0x54964b, _0x5aec00) {
    return _0x1f20d3[_0x2ba9('0x69')](_0x54964b, _0x5aec00);
}
```

发现依旧是花指令调用,继续在控制台跟进函数_0x1f20d3[_0x2ba9('0x69')],如:

```
function(_0x4f0d11, _0x318e33) {
    return _0x4f0d11 + _0x318e33;
}
```

在这一层函数中没有继续嵌套花指令,可知函数_0x333e98[_0x2ba9('0xea')]只是对传入到其中的两个参数进行简单的加法操作,因此可以将 data 的加密函数简化为:

```
//第一部分
_0x333e98[_0x2ba9('0xeb')](_0x333e98[_0x2ba9('0xec')](_0x333e9
8[_0x2ba9('0xec')](_0x333e98[_0x2ba9('0xed')](_0x2465df[_0x2ba
9('0xbf')](''),''),_0x54639d[_0x2ba9('0x9a')]),''),
_0x44edf3[_0x2ba9('0x97')](-0x2))
+
//第二部分
_0x333e98[_0x2ba9('0xee')]
```

先处理第一部分,发现它也是函数调用,最外层函数是_0x333e98[_0x2ba9('0xeb')],将其放入控制台进行调试输出,得到如下函数:

```
function(_0x3fb704, _0x1533e1) {
    return _0x22b277[_0x2ba9('0xd1')](_0x3fb704, _0x1533e1);
}
```

继续跟进 _0x22b277[_0x2ba9('0xd1')],得到如下函数:

```
function(_0x533f11, _0x4fe91c) {
    return _0x1f20d3[_0x2ba9('0x69')](_0x533f11, _0x4fe91c);}
```

按照以往的规律,下一次的_0x1f20d3[_0x2ba9('0x69')]应该就是最终的函数,在控制台调试输出后可以看出它依旧是加法花指令。

```
function(_0x4f0d11, _0x318e33) {
     return _0x4f0d11 + _0x318e33;
}
```

再次对 data 加密函数进行简化,代码如下:

```
_0x333e98[_0x2ba9('0xec')](_0x333e98[_0x2ba9('0xec')](_0x333e9
8[_0x2ba9('0xed')](_0x2465df[_0x2ba9('0xbf')](''),''),
_0x54639d[_0x2ba9('0x9a')]), '') +
_0x44edf3[_0x2ba9('0x97')](-0x2) +
_0x333e98[_0x2ba9('0xee')]
```

经过两次调试，比较熟悉花指令的规律，接下来给出混淆函数的原始代码：
(1) _0x333e98[_0x2ba9('0xec')]：加法花指令。
(2) _0x333e98[_0x2ba9('0xed')]：加法花指令。
(3) _0x2ba9('0xbf')：等同于函数 join()。
(4) _0x2ba9('0x9a')])：等同于字符串"＄strlen"。
(5) _0x2ba9('0x97')：相当于函数 substr()。
(6) _0x333e98：固定为数字 1125。

原本的 data 混淆加密函数，在经过手动还原后，可以简化为如下形式：

```
_0x2465df['join']('') +
_0x54639d['＄strlen'] +
_0x44edf3['substr'](-0x2) + 1125
```

其中的_0x2465df、_0x54639d 和_0x44edf3 无法在控制台得知它具体是什么函数，而函数调用是有作用域的，因此可以在 JS 混淆函数入口附近向前找，得知_0x44edf3 为一个线性时间戳，如下所示：

```
_0x44edf3 = new Date()[_0x2ba9('0x96')]()[_0x2ba9('0x95')]()
```

在控制台分别调试输出_0x2ba9('0x96')和_0x2ba9('0x95')，可以将_0x44edf3 简化为以下代码：

```
_0x44edf3 = new Date().getTime().toString()
```

在此脚本全局搜索_0x2ba9('0x9a')，发现有三个匹配项，分别为：
(1) _0x22b277[_0x2ba9('0x99')](this[_0x2ba9('0x9a')], 0x1)。
(2) _0x4f672e[_0x2ba9('0x97')](this[_0x2ba9('0x9a')], _0x4f672e[_0x2ba9('0x9b')])。
(3) this[_0x2ba9('0x9a')] = _0x22b277[_0x2ba9('0xb4')](Math[_0x2ba9('0xa4')](_0x22b277[_0x2ba9('0x93')](Math[_0x2ba9('0x94')](), 0x5)), 0x5)。

其中只有第三个匹配项为赋值操作，因此判断此处为_0x54639d['＄strlen']赋值处。对这串混淆代码进行 Console 调试后，可以得到以下对应关系：
(1) _0x1f20d3[_0x2ba9('0x4a')]：加法花指令
(2) _0x2ba9('0xa4')：字符串"floor"。
(3) _0x1f20d3[_0x2ba9('0x4e')]：乘法花指令。
(4) _0x2ba9('0x94')：字符串"random"。

借助上述对应关系，可以将混淆代码还原为：

```
this[_0x2ba9('0x9a')] = Math.floor(Math.random() * 5 + 5)
```

因此_0x54639d['＄strlen']，也就是 this[_0x2ba9('0x9a')]，是一个随机数字乘以 5 再加 5 后向下取整。

0x2465df 后紧跟 join 方法,可知它是一个列表,全局搜索后发现它初始化时是一个空列表,后紧跟有以下函数操作:

```
_0x2465df[_0x2ba9('0xb0')](_0x1405d0[_0x2ba9('0xe5')](_0x333e98[_0x2ba9('0xe6')])
```

在该行设置断点后,对混淆函数进行 Console 控制台输出,其中的各个混淆函数依次为:

(1) _0x2ba9('0xb0'): push 函数。
(2) _0x2ba9('0xe5'): replace 函数。
(3) _0x2ba9('0xe6'): "object_"字符串。

将其简化为以下代码:

```
_0x2465df.push((_0x1405d0.replace("object_","")
```

可大致推断是在把_0x1405d0 中的"object_"清除后,添加到_0x2465df 数组中。其中_0x1405d0 无法直接在 Console 中调试输出,选择在脚本中全局搜索,找到赋值语句:

```
_0x333e98[_0x2ba9('0xe3')](_0x974ca9,this)
      [_0x2ba9('0xe4')]('id')
```

调试输出其中的部分混淆函数,可知_0x333e98[_0x2ba9('0xe3')]实际上为以下函数:

```
function(_0x56ee68, _0x1607ce) {
         return _0x56ee68(_0x1607ce);
      }
```

也就是传入两个参数,前者作为函数,后者是函数的参数,依此进一步简化代码如下:

```
_0x974ca9(this)["attr"]('id')
```

重点是要找出 this 所指代的对象,在控制台输出后显示为包含着<canvas>的<div>,也就是图 5-1 中图片点选验证码的按钮,所以这里的操作是获取单击按钮的 id 属性。从图 5-4 可以得知,不同按钮的 id 值是不一样的,最终会提取出两个按钮的 id 值。

综上所述,_0x2465df 就是获取用户单击的两个按钮的 id 值,并将其中的 object_ 取出后进行拼接。

手动还原到这里,已经分析出 data 加密函数的过程:取出 HTML 中用户单击的两个按钮的 id 值,去除其中的 object_后进行拼接,加上随机数乘以 5 再加 5 后向下取整得到的数字,然后获取当前的时间戳数字的后两位,最后加 1125。

这里的图片 id 值是动态生成的,查看 Network 面板中的请求包,如图 5-5 所示,发现登录时的图片验证码是通过请求得到的,然后通过返回的 JSON 数据在对应位置生成标签。

选择复制部分 URL 进行 XHR 断点,再次刷新页面,跳转到验证码请求函数入口,从图 5-6 可以得知,这个 Ajax 请求发送的数据 data 是 clientid 和 username,包含了最开始 POST 请求包中得到的四个参数中的三个参数,可以断定这里的函数是请求图片验证码的函数。

第5章　混淆JS手动逆向方法

```
▼<div>
  ▼<div id="object_5482110638" class="button white">
      <canvas width="50px" height="40px" style="width:50px;height:40px" id="btncanv_0">
    </div>
  </div>
▼<div>
  ▼<div id="object_0482110628" class="button white">
      <canvas width="50px" height="40px" style="width:50px;height:40px" id="btncanv_1">
    </div>
  </div>
▼<div>
  ▼<div id="object_7482110658" class="button white">
      <canvas width="50px" height="40px" style="width:50px;height:40px" id="btncanv_2"> == $0
    </div>
  </div>
▼<div>
  ▼<div id="object_9482110648" class="button white">
      <canvas width="50px" height="40px" style="width:50px;height:40px" id="btncanv_3">
    </div>
  </div>
▼<div>
  ▼<div id="object_5482110608" class="button white">
      <canvas width="50px" height="40px" style="width:50px;height:40px" id="btncanv_4">
    </div>
  </div>
▼<div>
  ▼<div id="object_2482110618" class="button white">
      <canvas width="50px" height="40px" style="width:50px;height:40px" id="btncanv_5">
    </div>
  </div>
```

图 5-4　图片点选验证码的按钮标签

```
Name                              ✗  Headers  Preview  Response  Timing  Cookies  Initiator
□ check.php?t=1594515431029       ▼{code: 0, model: 0,…}
□ get.php?t=1594515440979            code: 0
                                     model: 0
                                     data: "data:image/jpeg;base64,/9j/4AAQSkZJRgABAQAAAQABAAD  Show more (36.5 KB)  Copy
                                   ▼ input: ["N", "L", "P", "D", "M", "Y"]
                                       0: "N"
                                       1: "L"
                                       2: "P"
                                       3: "D"
                                       4: "M"
                                       5: "Y"
                                     len: 2
```

图 5-5　图片验证码请求包

```
549                 case '3':
550                     _0x974ca9[_0x2ba9('0xd3')]({
551                         'url': _0x22b277[_0x2ba9('0xd4')](_0x22b277[_0x2ba9('0xd5')], new Date()[_0x2ba9('0x96')]()),
552                         'type': _0x22b277[_0x2ba9('0xd6')],
553                         'data': {
554                             'clientid': _0x54639d[_0x2ba9('0xb2')],
555                             'username': _0x54639d[_0x2ba9('0xba')]
556                         },
557                         'dataType': _0x22b277[_0x2ba9('0xd7')],
558                         'error': function(_0x4c52de) {
559                             _0x3cc5a0[_0x2ba9('0xd8')](alert, _0x3cc5a0[_0x2ba9('0xd9')]);
560                         },
561                         'success': function(_0x4d7419) {
562                             var _0x50f304 = _0x22b277[_0x2ba9('0xda')][_0x2ba9('0x3e')]('|')
563                               , _0x1cf6d6 = 0x0;
564                             while (!![]) {
565                                 switch (_0x50f304[_0x1cf6d6++]) {
566                                 case '0':
567                                     _0x54639d[_0x2ba9('0x41')][_0x2ba9('0x42')](_0x22b277[_0x2ba9('0xdb')])[_0x2ba9('0
568                                     continue;
569                                 case '1':
570                                     _0x4cc8d1[_0x2ba9('0xb0')](_0x22b277[_0x2ba9('0xbb')]);
571                                     continue;
572                                 case '2':
573                                     var _0x5c5136 = _0x4093e7[_0x2ba9('0xdd')](_0x22b277[_0x2ba9('0xde')]);
574                                     continue;
```

图 5-6　图片验证码请求函数

HTML 页面中的 id 按钮是在其中 562 行的 success 回调函数中生成的。通过观察可以发现，这个回调函数符合 switch 流程控制平坦化，所以首先获取分发器，以了解 while 函数的执行流程。

```
var _0x50f304 = _0x22b277[_0x2ba9('0xda')][_0x2ba9('0x3e')]('|')
    , _0x1cf6d6 = 0x0;
```

在 Console 控制台调试后得到其中的混淆函数对应对象如下。

(1) _0x22b277[_0x2ba9('0xda')]："4|14|18|10|15|5|6|8|12|1|20|0|11|17|3|2|16|13|19|7|9"。

(2) _0x2ba9('0x3e')：字符串"split"。

凭借上述关系，将分发器进行如下简化：

```
var _0x50f304 =
"4|14|18|10|15|5|6|8|12|1|20|0|11|17|3|2|16|13|19|7|9"
.split('|')
    , _0x1cf6d6 = 0;
```

接下来依据_0x50f304 查看 while 循环对应 case 判断，遍历后发现在数字 10 处有复杂操作，将其单独提取进行分析：

```
case '10':
    _0x974ca9[_0x2ba9('0xe2')](_0x4d7419[_0x2ba9('0x10d')],
    function(_0x4c0d9a,_0xff7923){
        _0x5283c1[_0x2ba9('0xb0')]({
            'id': _0x54639d[_0x2ba9('0x90')](_0x4c0d9a[_0x2ba9('0x95')]()),
            'txt': _0xff7923
        });
    });
    continue;
```

其中的 id 值生成函数_0x2ba9('0x90')是一个 getid 字符串，刚好要寻找的是登录页面 div 标签的 id 生成函数，跟进这个函数，找到如下混淆代码：

```
function(_0x52f0c7) {
var _0x4f672e =
_0x22b277[_0x2ba9('0x91')](_0x22b277[_0x2ba9('0x91')](Math[_0x2ba9('0x92')](_0x22b277[_0x2ba9('0x93')](Math[_0x2ba9('0x94')](),0x270f))[_0x2ba9('0x95')](),new Date()[_0x2ba9('0x96')]()
[_0x2ba9('0x95')]()[_0x2ba9('0x97')](0x4,0xa))Math[_0x2ba9('0x92')](_0x22b277[_0x2ba9('0x93')]]
(Math[_0x2ba9('0x94')](),0x270f))[_0x2ba9('0x95')]())
[_0x2ba9('0x95')]()[_0x2ba9('0x97')](0x3, 0xa);
    return
_0x22b277[_0x2ba9('0x91')](_0x22b277[_0x2ba9('0x98')](_0x4f672
e[_0x2ba9('0x97')](0x0,_0x22b277[_0x2ba9('0x99')]]
(this[_0x2ba9('0x9a')],0x1)),_0x52f0c7),_0x4f672e[_0x2ba9('0x97')](this[_0x2ba9('0x9a')], _0x4f672e[_0x2ba9('0x9b')]]));}
```

混淆看似复杂，但都有迹可循，通过静态分析，最终都能还原回去。继续对这个混淆函数进行调试输出，将其简化为以下形式：

```
function(_0x52f0c7) {
var _0x4f672e = Math['round'](Math['random']() * 0x270f)
['toString']() +
new Date()['getTime']()['toString']()['substr'](0x4,0xa) +
Math['round'](Math['random']() * 0x270f)['toString']()['substr'](0x3,0xa);
    return _0x4f672e['substr'](0,this['''$ strlen''] - 1) +
_0x52f0c7 +
_0x4f672e['substr'](this['''$ strlen''], _0x4f672e['length']);}
```

_0x4f672e 是一个随机数，返回值中包含着一个熟悉的函数 this[''$ strlen'']，它在开始分析 POST 请求包中的 data 参数时出现过，可知它是一开始生成后被连续使用的。由上文可知，this[''$ strlen'']是一个随机数字乘以 5 再加 5 后向下取整，将还原后的代码修改后放入 Vscode 执行，可以得出以下随机结果，发现位数并不固定：

```
24155007304327
75575207304397
51220207304408
```

位数不固定的随机数，通常是用其中某一个位置数值的比对进行判断。回顾一下 POST 发包中分析的 data 参数：取出 HTML 中用户单击的两个按钮的 id 值，去除其中的 object_ 后进行拼接，加随机数乘以 5 再加 5 后向下取整得到的数字，然后获取当前的时间戳数字的后两位，最后加 1125。有一个相同的部分是都使用了随机数乘以 5 再加 5 后向下取整得到的数字，也就是 this[" $ strlen"]。

这样整个函数的逻辑就通了。此处的 id 生成函数看似返回随机值，其实是通过取其中的第 this[" $ strlen"]位数字，来匹配图片验证码数据包返回的 JSON 数据。

图 5-7　图片点选验证码

最后，可以使用 Network 面板中的实际发包参数来验证推断。单击图 5-7 中的图片验证码，发送数据后返回的 JSON 内容如下：

```
0:"小马"
1:"企鹅"
2:"河马"
3:"凤凰鸟"
4:"孔雀"
5:"大象"
```

可知"小马"和"河马"对应的数字为 0 和 2,在 Network 面板中查看 POST 发包数据中的 data,找出其中的 this["＄strlen"],并对按钮的 id 进行切分:

```
POST 发包数据
data: 25431055079543125508 6781125
this[''＄strlen''] = 6
按钮 0 2543105507    第六位数字 0
按钮 2 9543125508    第六位数字 2
```

寻找 JSON 数据中对应的第 0 位数字和第 2 位数字,发现分别对应图片下被单击的按钮,与推断相符。

5.2 小结

通过对具体网站混淆代码的手动还原,了解混淆脚本的一般破解流程,即定位加密入口、寻找特征函数和控制台静态分析。手动还原复杂费时,通过学习,可以深刻体会到后续章节自动化还原混淆的强大之处。

5.3 习题

1. 在定位 JS 加密入口的时候,有哪些定位方式?
2. 简述什么是花指令。
3. 简述什么是 switch 流程控制平坦化。
4. 简述为什么要对图片进行 Base64 编码。
5. 总结手动还原混淆 JS 的缺点。

第6章

JS代码安全防护原理

本章将从原理的角度讲解JS是如何进行混淆的。一般情况下,JS混淆是把原本可读性比较高的代码,用另外一种或者几种代码进行替换,降低代码的可读性,但是执行效果又是等同的。本章的内容是学好AST混淆和还原JS代码的基础,后续在第9章介绍如何使用AST来自动化混淆JS代码,在第10和11章介绍如何使用AST来自动化还原JS代码。

6.1 常量的混淆原理

视频讲解

以下代码用于格式化时间。这段代码逻辑简单清晰,它是在Date的原型对象上,增加了一个format方法。当实例化一个Date对象后,就可以直接调用从Date原型对象上继承过来的format方法。

```
Date.prototype.format = function (formatStr) {
    var str = formatStr;
    var Week = ['日','一','二','三','四','五','六'];
    str = str.replace(/yyyy|YYYY/, this.getFullYear());
    str = str.replace(/MM/, (this.getMonth() + 1) > 9 ? (this.getMonth() + 1).toString() : '0' + (this.getMonth() + 1));
    str = str.replace(/dd|DD/, this.getDate() > 9 ? this.getDate().toString() : '0' + this.getDate());
    return str;
}
console.log(new Date().format('yyyy-MM-dd'));
//输出结果 2020-07-04
```

上述代码没有经过任何处理,任何查看脚本的开发者都可以清楚地理解本段代码。假如这是某网站开发人员编写的一段关键代码,那么在代码发布后,很容易被第三方破解利用,从而引发安全问题。因此学习JS代码的防护技术就显得格外重要了。

6.1.1 对象属性的两种访问方式

示例代码如下：

```
function People(name){
    this.name = name;
}
People.prototype.sayHello = function(){
    console.log('Hello');
}
var p = new People('xiaojianbang');

console.log( p.name );              //xiaojianbang
p.sayHello();                       //Hello
console.log( p['name'] );           //xiaojianbang
p['sayHello']();                    //Hello
```

这段代码较为简单，有一个名为 People 的构造函数，并在其原型对象上定义了一个名为 sayHello 的方法。当 var p = new People('xiaojianbang') 这行代码执行后，会产生一个对象赋值给 p。此时，想要访问 p 对象下的 name 属性，有以下两种方式：

（1）p.name：这种方式中，name 是一个标识符，必须明确出现在代码中，不能加密和拼接。

（2）p['name']：这种方式中，name 是一个字符串。既然是字符串，访问的时候就可以进行拼接和加密。在 JS 混淆中，一般会选择用这种方式来访问属性。

访问对象的方法也一样。因为对象的方法可以看作特殊的属性，它是一种值为函数的属性。6.1 节的代码可以转换为如下形式：

```
Date.prototype.format = function (formatStr) {
    var str = formatStr;
    var Week = ['日', '一', '二', '三', '四', '五', '六'];
    str = str['replace'](/yyyy|YYYY/, this['getFullYear']());
    str = str['replace'](/MM/, (this['getMonth']() + 1) > 9 ? (this['getMonth']() + 1)['toString']() : '0' + (this['getMonth']() + 1));
    str = str['replace'](/dd|DD/, this['getDate']() > 9 ? this['getDate']()['toString']() : '0' + this['getDate']());
    return str
}
console.log(new window['Date']()['format']('yyyy-MM-dd'));
//输出结果 2020-07-04
```

Date 是 JS 中的内置对象。在 JS 中，很多内置对象都是 window 的属性，所以 JS 中的内置对象和客户端 JS 中的 DOM 对于 JS 的防护与逆向极为重要。代码中定义的全局变量都是全局对象 window 的属性，定义的全局函数都是全局对象 window 的方法。全局对象的属性或方法在调用时，可以省略全局对象名。例如，new window.Date() 等同于 new Date()。

由于这里要把 Date 变为字符串,因此前面就必须加 window。

6.1.2　十六进制字符串

改变对象属性的访问方式后,代码的阅读性仍然较高,要继续进行复杂化处理。因为 JS 中的字符串支持以十六进制形式表示,所以可以用十六进制形式代替原有的字符串。如 'yyyy-MM-dd',可以表示成 '\x79\x79\x79\x79\x2d\x4d\x4d\x2d\x64\x64'。其中字符 y 转换为字节,再用十六进制表示就是 0x79(0x79 就是字符 y 的 Hex 形式的 ASCII 码)。可以使用以下代码,完成十六进制字符串的转换。

```
function hexEnc(code) {
    for(var hexStr = [], i = 0, s; i < code.length; i++) {
        s = code.charCodeAt(i).toString(16);
        hexStr += "\\x" + s;
    }
    return hexStr
}
```

在 JS 中,charAt 方法用来取出字符串中对应索引的字符。而 charCodeAt 方法用来取出字符串中对应索引的字符的 ASCII 码;然后用 toString(16)转换为十六进制,再与\x 拼接。为了方便理解,这里只处理一个字符串,代码转换为:

```
Date.prototype.format = function (formatStr) {
    var str = formatStr;
    var Week = ['日','一','二','三','四','五','六'];
    str = str['replace'](/yyyy|YYYY/, this['getFullYear']());
    str = str['replace'](/MM/, (this['getMonth']() + 1) > 9 ? (this['getMonth']() + 1)['toString']() : '0' + (this['getMonth']() + 1));
    str = str['replace'](/dd|DD/, this['getDate']() > 9 ? this['getDate']()['toString']() : '0' + this['getDate']());
    return str
}
console.log(new window['Date']()['format']('\x79\x79\x79\x79\x2d\x4d\x4d\x2d\x64\x64'));
//输出结果 2020 - 07 - 04
```

这种混淆方式很容易被还原,不会大量应用,只用在无法加密的字符串上。至于哪些字符串无法加密,在后续内容中会介绍。

十六进制字符串的还原方法很简单,把字符串放到控制台中输出即可。

6.1.3　unicode 字符串

在 JS 中,字符串除了可以表示成十六进制的形式以外,还支持用 unicode 形式表示。下面介绍两个转换的例子。

(1) 以 var Week = ['日','一','二','三','四','五','六']为例,可以表示成 var

Week = ['\u65e5', '\u4e00', '\u4e8c', '\u4e09', '\u56db', '\u4e94', '\u516d']。

（2）如果为非中文的情况，以 'Date' 为例，可以表示成 '\u0044\u0061\u0074\u0065'。

可以看出，unicode 的形式是：\u 开头，后跟四位数的十六进制数，不足四位的补 0。可以使用以下代码完成 unicode 转换。

```
function unicodeEnc(str) {
    var value = '';
    for (var i = 0; i < str.length; i++)
        value += "\\u" + ("0000" + parseInt(str.charCodeAt(i)).toString(16)).substr(-4);
    return value;
}
```

先取出字符串中对应索引字符的 ASCII 码，与 '0000' 拼接，取后四位，然后在前面补上\u。需要注意的是，JS 中的字母和中文都是一个字符。

```
console.log( 'x'.length );         // 1
console.log( '小'.length );        // 1
```

JS 中的标识符也支持以 unicode 形式表示。因此，代码中的 format、formatStr、str、Week、window 等都支持以 unicode 形式表示。为了方便观察，这里只处理部分代码：

```
Date.prototype.\u0066\u006f\u0072\u006d\u0061\u0074 = function(formatStr) {
    var \u0073\u0074\u0072 = \u0066\u006f\u0072\u006d\u0061\u0074\u0053\u0074\u0072;
    var Week = ['\u65e5', '\u4e00', '\u4e8c', '\u4e09', '\u56db', '\u4e94', '\u516d'];
    str = str['replace'](/yyyy|YYYY/, this['getFullYear']());
    str = str['replace'](/MM/, (this['getMonth']() + 1) > 9 ? (this['getMonth']() + 1)
['toString']() : '0' + (this['getMonth']() + 1));
    str = str['replace'](/dd|DD/, this['getDate']() > 9 ? this['getDate']()['toString']() :
'0' + this['getDate']());
    return str;
}
console.log( new \u0077\u0069\u006e\u0064\u006f\u0077['\u0044\u0061\u0074\u0065']()
['format']('\x79\x79\x79\x79\x2d\x4d\x4d\x2d\x64\x64') );
//输出结果 2020 - 07 - 04
```

在使用\u0073\u0074\u0072 定义变量后，依然能够使用对应的 str 来引用变量。在实际 JS 混淆的应用中，标识符一般不会替换成 unicode 形式，因为要还原它十分容易。通常的混淆方式是替换成没有语义，但看上去又很相似的名字，如_0x21dd83、_0x21dd84 和_0x21dd85，或是由大写字母 O、小写字母 o 以及数字 0 组成的名字，Oo00Oo0、Oo00O0o 和oO0000Oo，注意标识符不允许以数字开头。9.2.6 节中将介绍如何使用 AST 实现标识符混淆。

最后，介绍 unicode 字符串的还原方法。与十六进制字符串一样，把字符串放到控制台中输出即可。

6.1.4　字符串的 ASCII 码混淆

为了完成字符串的 ASCII 码混淆，这里需要使用两个函数，一个是 String 对象下的 charCodeAt 方法，另一个是 String 类下的 fromCharCode 方法。先介绍这两个方法的用法。在控制台执行以下代码：

```
console.log( 'x'.charCodeAt(0) );              //120
console.log( 'b'.charCodeAt(0) );              //98
console.log( String.fromCharCode(120, 98) );   //"xb"
```

可以看出，这两个方法是相反的两个过程。String.fromCharCode 接收的是可变长度的数值类型的参数。使用以下代码，把一个字符串转换为字节数组：

```
function stringToByte(str){
    var byteArr = [];
    for(var i = 0; i < str.length; i++){
        byteArr.push(str.charCodeAt(i));
    }
    return byteArr;
}
console.log( stringToByte('xiaojianbang') );
// [120, 105, 97, 111, 106, 105, 97, 110, 98, 97, 110, 103]
```

接下来介绍字符串的 ASCII 码混淆方法，在 6.1.3 节转换后的代码中任意挑选一个字符串进行尝试。'format'转换为字节数组是[102，111，114，109，97，116]。因此代码中的'format'字符串，可以表示为 String.fromCharCode(102，111，114，109，97，116)。

注意，fromCharCode 接收的参数类型并非数组。如果想要传递数组，可以使用 String.fromCharCode.apply(null，[102，111，114，109，97，116])。在 JS 中，函数也是对象，可以给函数定义属性和方法，而且函数本身就自带一些属性和方法。apply 就是从函数的原型对象 Function.prototype 继承过来的方法。

ASCII 码混淆不仅用来做字符串混淆，还可以用来做代码混淆。以下面这段代码为例，将其变为字符串，再转换成字节数组：

```
//str = str['replace'](/yyyy|YYYY/, this['getFullYear']());
stringToByte("str = str['replace'](/yyyy|YYYY/, this['getFullYear']());")
//[115, 116, 114, 32, 61, 32, 115, 116, 114, 91, 39, 114, 101, 112, 108, 97, 99, 101, 39, 93,
40, 47, 121, 121, 121, 121, 124, 89, 89, 89, 89, 47, 44, 32, 116, 104, 105, 115, 91, 39, 103,
101, 116, 70, 117, 108, 108, 89, 101, 97, 114, 39, 93, 40, 41, 41, 59]
```

这段字节数组可以通过 String.fromCharCode 转换成字符串。但转换以后只是一个字符串，不能当作代码来执行。于是，这里要引出另外两个函数 eval 与 Function。在 JS 中，要把字符串当作代码来执行，就需要用到这两个函数。其中 eval 用来执行一段代码，Function 用来生成一个函数。例如，在控制台执行 eval('var a = 1000; console.log(a)')会输出 1000。处理后的代码为：

```
Date.prototype.\u0066\u006f\u0072\u006d\u0061\u0074 = function(formatStr) {
    var \u0073\u0074\u0072 = \u0066\u006f\u0072\u006d\u0061\u0074\u0053\u0074\u0072;
    var Week = ['\u65e5', '\u4e00', '\u4e8c', '\u4e09', '\u56db', '\u4e94', '\u516d'];
    eval(String.fromCharCode(115, 116, 114, 32, 61, 32, 115, 116, 114, 91, 39, 114, 101, 112,
108, 97, 99, 101, 39, 93, 40, 47, 121, 121, 121, 121, 124, 89, 89, 89, 89, 47, 44, 32, 116, 104,
105, 115, 91, 39, 103, 101, 116, 70, 117, 108, 108, 89, 101, 97, 114, 39, 93, 40, 41, 41, 59));
    str = str['replace'](/MM/, (this['getMonth']() + 1) > 9 ? (this['getMonth']() + 1)
['toString']() : '0' + (this['getMonth']() + 1));
    str = str['replace'](/dd|DD/, this['getDate']() > 9 ? this['getDate']()['toString']() :
'0' + this['getDate']());
    return str;
}
console.log( new \u0077\u0069\u006e\u0064\u006f\u0077['\u0044\u0061\u0074\u0065']()
[String.fromCharCode(102, 111, 114, 109, 97, 116)]('\x79\x79\x79\x79\x2d\x4d\x4d\x2d\x64\
x64') );
//输出结果 2020-07-04
```

6.1.5 字符串常量加密

字符串常量加密的核心思想是,先把字符串加密得到密文,然后在使用前,调用对应的解密函数去解密,得到明文。代码中仅出现解密函数和密文。当然,也可以使用不同的加密方法去加密字符串,再调用不同的解密函数去解密。本节将把代码中剩下的字符串都处理完,字符串加密方式采用最简单的 Base64 编码。

```
replace     Base64 编码后为    cmVwbGFjZQ==
getMonth    Base64 编码后为    Z2V0TW9udGg=
getDate     Base64 编码后为    Z2V0RGF0ZQ==
0           Base64 编码后为    MA==
toString    Base64 编码后为    dG9TdHJpbmc=
```

浏览器中有自带的 Base64 编码和解码的函数,其中 btoa 用来编码,atob 用来解码。但在实际的混淆应用中,最好还是自己去实现它们,然后加以混淆。注意,字符串加密后,需要把对应的解密函数也放入代码中,才能正常运行。这里就用 atob 来代替 Base64 解码,处理后的代码为:

```
Date.prototype.\u0066\u006f\u0072\u006d\u0061\u0074 = function(formatStr) {
    var \u0073\u0074\u0072 = \u0066\u006f\u0072\u006d\u0061\u0074\u0053\u0074\u0072;
    var Week = ['\u65e5', '\u4e00', '\u4e8c', '\u4e09', '\u56db', '\u4e94', '\u516d'];
    eval(String.fromCharCode(115, 116, 114, 32, 61, 32, 115, 116, ... ));
    str = str[atob('cmVwbGFjZQ==')](/MM/, (this[atob('Z2V0TW9udGg=')]() + 1) > 9 ? (this
[atob('Z2V0TW9udGg=')]() + 1)[atob('dG9TdHJpbmc=')]() : atob('MA==') + (this[atob
('Z2V0TW9udGg=')]() + 1));
    str = str[atob('cmVwbGFjZQ==')](/dd|DD/, this[atob('Z2V0RGF0ZQ==')]() > 9 ? this[atob
('Z2V0RGF0ZQ==')]()[atob('dG9TdHJpbmc=')]() : atob('MA==') + this[atob('Z2V0RGF0ZQ==')]());
```

```
        return str;
}
console.log( new \u0077\u0069\u006e\u0064\u006f\u0077[ '\u0044\u0061\u0074\u0065' ]( )
    [String.fromCharCode(102, 111, 114, 109, 97, 116)]('\x79\x79\x79\x79\x2d\x4d\x4d\x2d\x64\x64') );
//输出结果 2020-07-04
```

在实际混淆应用中,标识符必须处理成没有语义的,不然很容易就定位到关键代码。此外,建议减少使用系统自带的函数,自己去实现相应的函数。因为不管如何混淆,最终执行过程中,系统函数的名字是固定的,通过 Hook 极易定位到关键代码。如何完成 JS Hook 将在第 10 章中介绍。

根据写法的不同,代码中有一些字符串常量没法加密和拼接。如以下代码:

```
var obj = {'name': 'xiaojianbang'};
/*
    上面这种方式,name 虽然是一个字符串,但是不能拼接和加密。当然表示成十六进制或者 Unicode 形式还是可以的
        var obj = {'\x6e\x61\x6d\x65': 'xiaojianbang'};
        console.log( obj['\x6e\x61\x6d\x65'] );         // xiaojianbang
        console.log( obj.name );                         // xiaojianbang
*/
var obj = {};
var str = 'na';
obj[str + 'me'] = 'xiaojianbang';
//用这种方式给对象增加属性,属性名可以加密和拼接
```

6.1.6 数值常量加密

算法加密过程中,会使用一些固定的数值常量,如 MD5 中的常量 0x67452301、0xefcdab89、0x98badcfe 和 0x10325476,以及 sha1 中的常量 0x67452301、0xefcdab89、0x98badcfe、0x10325476 和 0xc3d2e1f0。因此,在标准算法逆向中,会通过搜索这些数值常量,来定位代码关键位置,或者确定使用的是哪个算法。当然,在代码中不一定会写十六进制形式,如 0x67452301,在代码中可能会写成十进制的 1732584193。安全起见,可以把这些数值常量也进行简单加密。

可以利用位异或的特性来加密。例如,如果 a ^ b = c,那么 c ^ b = a。以 sha1 算法中的 0xc3d2e1f0 常量为例,0xc3d2e1f0 ^ 0x12345678 = 0xd1e6b788,那么在代码中可以用 0xd1e6b788 ^ 0x12345678 来代替 0xc3d2e1f0,其中 0x12345678 可以理解成密钥,它可以随机生成。

混淆方案不一定是单一使用,各种方案之间可以结合使用。上述方法中两个数字进行位异或,实际上就是一个二项式。关于二项式的混淆,会在 6.2.3 节中详细介绍。

6.2 增加 JS 逆向者的工作量

在 6.1 节中介绍了一部分的混淆手段,现在应该对 JS 混淆有了认识。但实际上只是处理了一些常量,防护力度并不高。混淆的目的是为了增加破解的难度和时间。因此本节从这方面入手,继续介绍更深入的内容。

视频讲解

6.2.1 数组混淆

该类混淆没有统一称呼,数组混淆是本书中的叫法。将 6.1.5 节中的代码跟 6.1 节中的代码对比,在改变对象属性的访问方式后,产生了很多原本没有的字符串。虽然在前面的介绍中,已经对它们做了一系列的处理,但是遇到有混淆逆向经验的逆向开发者,破解这里的混淆十分容易。本节的方案是将所有的字符串都提取到一个数组中,然后在需要引用字符串的地方,全部都以数组下标的方式访问数组成员。例如:

```
var bigArr = ['Date', 'getTime', 'log'];
console[bigArr[2]]( new window[bigArr[0]]()[bigArr[1]]() );
//console.log( new window.Date().getTime() )
```

这里展示的代码,阅读难度已经大大增加。当代码为上千行,数组提取的字符串也有上千个。在代码中要引用字符串时,全都以 bigArr[1001] 和 bigArr[1002] 访问,就会大大增加理解难度,不容易建立对应关系。

在其他语言中,同一个数组只能存放同一种类型。但是 JS 语法灵活,同一个数组中,可以同时存放各种类型,如布尔值、字符串、数值、数组、对象和函数等。例如:

```
var bigArr = [
    true,
    'xiaojianbang',
    1000,
    [100,200,300],
    {name: 'xiaojianbang', money: 0},
    function(){console.log('Hello')}
];
console.log( bigArr[0] );               //true
console.log( bigArr[1] );               //xiaojianbang
console.log( bigArr[2] );               //1000
console.log( bigArr[3][0] );            //100
console.log( bigArr[4].money );         //0
console.log( bigArr[5]() );             //Hello
```

因此,可以把代码中的一部分函数提取到大数组中。如 6.1.5 节中的代码 String.fromCharCode 就可以提取到大数组中。为了安全,通常会对提取到数组中的字符串进行加密处理,把代码处理成字符串就可以进行加密了。对于这个函数,改写为以下形式:

```
console.log( ""['constructor']['fromCharCode'](120) );        //输出 x
```

最前面可以是任意的字符串对象,也可以是空字符串。constructor 代表获取构造函数,因此""['constructor']等同于 String。这样就全部变成字符串,可以进行字符串加密。处理后的代码如下:

```
var bigArr = [
    '\u65e5', '\u4e00', '\u4e8c', '\u4e09', '\u56db', '\u4e94',
    '\u516d', 'cmVwbGFjZQ==', 'Z2V0TW9udGg=', 'dG9TdHJpbmc=',
    'Z2V0RGF0ZQ==', 'MA==', ""['constructor']['fromCharCode']
];
Date.prototype.\u0066\u006f\u0072\u006d\u0061\u0074 = function(formatStr) {
    var \u0073\u0074\u0072 = \u0066\u006f\u0072\u006d\u0061\u0074\u0053\u0074\u0072;
    var Week = [bigArr[0], bigArr[1], bigArr[2], bigArr[3], bigArr[4], bigArr[5], bigArr[6]];
    eval(bigArr[12](115, 116, 114, 32, 61, 32, 115, 116, ... ));
    str = str[atob(bigArr[7])](/MM/, (this[atob(bigArr[8])]() + 1) > 9 ? (this[atob(bigArr[8])]() + 1)[atob(bigArr[9])]() : atob(bigArr[11]) + (this[atob(bigArr[8])]() + 1));
    str = str[atob(bigArr[7])](/dd|DD/, this[atob(bigArr[10])]() > 9 ? this[atob(bigArr[10])]()[atob(bigArr[9])]() : atob(bigArr[11]) + this[atob(bigArr[10])]());
    return str;
}
console.log( new \u0077\u0069\u006e\u0064\u006f\u0077['\u0044\u0061\u0074\u0065']()[bigArr[12](102, 111, 114, 109, 97, 116)]('\x79\x79\x79\x79\x2d\x4d\x4d\x2d\x64\x64') );
//输出结果 2020-07-04
```

这段代码在不使用动态调试,也不使用 AST 的情况下,可读性很差。但是 JS 代码混淆仍将继续。

6.2.2 数组乱序

观察 6.2.1 节中处理后的代码,数组成员与被引用的地方是一一对应的。如引用 bigArr[12]的地方,需要的是 String.fromCharCode 函数,而该数组中下标为 12 的成员,也是这个函数。将数组顺序打乱可以解决这个问题,不过在数组顺序混乱后,本身的代码也引用不到正确的数组成员。此处的解决方案是,在代码中内置一段还原顺序的代码。可以使用以下代码打乱数组顺序:

```
var bigArr = [
    '\u65e5', '\u4e00', '\u4e8c', '\u4e09', '\u56db', '\u4e94',
    '\u516d', 'cmVwbGFjZQ==', 'Z2V0TW9udGg=', 'dG9TdHJpbmc=',
    'Z2V0RGF0ZQ==', 'MA==', ""['constructor']['fromCharCode']
];
(function(arr, num){
    var shuffer = function(nums){
        while(--nums){
```

```
                arr.unshift(arr.pop());
            }
        };
        shuffer(++num);
}(bigArr, 0x20));
console.log( bigArr );
//["cmVwbGFjZQ == ", "Z2V0TW9udGg = ", "dG9TdHJpbmc = ", "Z2V0RGF0ZQ == ", "MA == ", f, "日", "
一", "二", "三", "四", "五", "六"]
//console.log( bigArr[5](120) );      //输出 x
```

在这段代码中,有一个自执行的匿名函数。实参部分传入的是数组和一个任意数值。在这个函数内部,通过对数组进行弹出和压入操作来打乱顺序。除此之外,只要控制台输出,Unicode 处理后的字符串就变成原来的中文。这就是之前说的十六进制字符串和 Unicode 都很容易被还原。

String.fromCharCode 函数被移动到了下标为 5 的地方,但代码处引用的仍是 bigArr[12],所以需要把还原数组顺序的函数放入代码中,还原数组顺序的代码逆向编写即可,如下所示:

```
var bigArr = [
    'cmVwbGFjZQ == ', 'Z2V0TW9udGg = ', 'dG9TdHJpbmc = ', 'Z2V0RGF0ZQ == ',
    'MA == ', ""['constructor']['fromCharCode'], '\u65e5', '\u4e00',
    '\u4e8c', '\u4e09', '\u56db', '\u4e94', '\u516d'
];
(function(arr, num){
    var shuffer = function(nums){
        while( -- nums){
            arr['push'](arr['shift']());
        }
    };
    shuffer(++num);
}(bigArr, 0x20));
//后面的代码与 6.2.1 节中处理后的代码一致,这里省略
```

注意,还原数组顺序的函数里用到的字符串,不能再提取到 bigArr 中。

6.2.3 花指令

添加一些没有意义却可以混淆视听的代码,是花指令的核心。这里介绍一种比较简单的花指令实现方式,以 6.1 节的代码为例:

```
str = str.replace(/MM/, (this.getMonth() + 1) > 9 ? (this.getMonth() + 1).toString() : '0'
    + (this.getMonth() + 1));
```

把 this.getMonth()+1 这个二项式改为如下形式:

```
function _0x20ab1fxe1(a, b){
    return a + b;
}
//_0x20ab1fxe1(this.getMonth(), 1);
_0x20ab1fxe1(new Date().getMonth(), 1);        //输出 7
//为了能够在控制台正常运行,把 this 改成 new Date()
```

本质是把二项式拆开成三部分:二项式的左边、二项式的右边和运算符。二项式的左边和右边作为另外一个函数的两个参数,二项式的运算符作为该函数的运行逻辑。这个函数本身是没有意义的,但它能瞬间增加代码量,从而增加 JS 逆向者的工作量。

二项式转变为函数时,进行多级嵌套,代码如下:

```
function _0x20ab1fxe2(a, b){
    return a + b;
}
function _0x20ab1fxe1(a, b){
    return _0x20ab1fxe2(a, b);
}
_0x20ab1fxe1(new Date().getMonth(), 1);        //输出 7
```

这个案例较为简单,但是在实际混淆中,代码可能有几千行,函数定义部分与调用部分往往相差甚远。在第 11 章的实战中,就会碰到类似的代码。另外,具有相同运算符的二项式,并不是一定要调用相同的函数。如把 '0' + (this.getMonth()+1) 这个二项式改为如下所示代码:

```
function _0x20ab1fxe2(a, b){
    return a + b;
}
function _0x20ab1fxe1(a, b){
    return _0x20ab1fxe2(a, b);
}
function _0x20ab1fxe3(a, b){
    return a + b;
}
function _0x20ab1fxe4(a, b){
    return _0x20ab1fxe3(a, b);
}
_0x20ab1fxe4('0', _0x20ab1fxe1(new Date().getMonth(), 1));
//输出 "07"
```

上面介绍的是二项式转变为函数的花指令,其实函数调用表达式也可以处理成类似的花指令。代码如下:

```
function _0x20ab1fxe2(a, b, c){
    return a(b, c);
}
```

```
function _0x20ab1fxe1(a, b, c){
    return _0x20ab1fxe2(a, b, c);
}
str = _0x20ab1fxe1(
    str.replace,
    /MM/,
    (this.getMonth() + 1) > 9 ? (this.getMonth() + 1).toString() : '0' + (this.getMonth() +
1));
```

花指令的生成方案，并不是只有这些。在 6.3.2 节中，还会演示另外一种插入花指令的方式。

6.2.4 jsfuck

jsfuck 也可以算是一种编码。它能把 JS 代码转化成只用 6 个字符就可以表示的代码，并可以正常执行。这 6 个字符分别是"("、"+"、"!"、"["、"]"和")"。转换后的 JS 代码难以阅读，可作为简单的保密措施，如数值常量 8 转成 jsfuck 后为：

```
(!+[]+!![]+!![]+!![]+!![]+!![]+!![]+!![]+[])
```

接下来介绍 jsfuck 的基本原理，+是 JS 中的一个运算符，当它作为一元运算符使用时，代表强转为数值类型。[]在 JS 中表示空数组，因此+[]等于 0，!+[]等同于!0。JS 是一种弱类型的语言，弱类型并不是代表没有类型，是指 JS 引擎会在适当的时候，自动完成类型的隐式转换。!是 JS 中的取反，这时需要一个布尔值。在 JS 中，七种值为假值，其余均为真值。这七种值分别是 false、undefuned、null、0、-0、NaN 和""。因此，0 转换为布尔值为 false，再取反就是 true，也就是!+[]==true。又如!![]，数组转换成布尔值为 true，然后两次取反，依旧等于 true。JS 中的+作为二元运算符时，假如有一边是字符串，就代表着拼接；两边都没有字符串，就代表着数值相加。true 转换为数值等于 1。剩余的部分原理相同，不再赘述。

在实际开发中，jsfuck 的应用有限，只会应用于 JS 文件中的一部分代码。主要原因是它的代码量非常庞大且还原它较为容易。例如，把上述代码直接输入控制台运行，就会输出 8。

一些网站之所以用它进行加密，是因为个别情况下，把整段 jsfuck 代码输入控制台运行会报错，尤其是当它跟别的代码混杂时。例如以下代码：

```
(//第一段代码
    +(+((!+[]+!![]+[])+(!+[]+!![]+!![]+!![]+!![]+!![]+!![]+!![]+!![])+
(!+[]+!![]+!![]+!![]+!![]+!![]+!![]+!![])+(!+[]+!![])+(!+[]+!![]
+!![]+!![]+!![]+!![]+!![])+(!+[]+!![]+!![]+!![])+(!+[]+!![]+!![]+!![]
+!![])+(!+[]+!![]+!![]+!![])+
!![]+!![]+!![]+!![]+!![])+(!+[]+!![]+!![]+!![]+!![]+!![]+!![])))
+(//第二段代码
```

```
function(p){
    return eval(
        (true+"")[0] + ".ch" + (false+"")[1] + (true+"")[1] + Function("return escape")()(("")["italics"]())[2] + "o" + (undefined+"")[2] + (true+"")[3] + "A" + (true+"")[0] + "(" + p + ")"
    )
}( +((!+[]+!![]+!![]+!![]+[])) )
)
)
```

一旦整段代码无法运行,一般的做法就是进行分段处理。为了方便阅读,上述代码已经进行了分段处理。上述代码分为了两段:第一段是 jsfuck 代码,在控制台运行的结果为 299274597;第二段是一个函数,这个函数的实参部分+((!+[]+!![]+!![]+!![]+[]))在控制台运行的结果为 4。因此,这个函数内部的 p 值为 4。在函数内可以看到之前介绍过的 eval 函数,eval 的实参部分才是要还原的代码。把 eval 的实参部分在控制台运行。注意,其中的 p 替换为 4,结果为 t.charCodeAt(4)。因此,这段代码还原后的结果为:

```
(
    299274597
+(
function(p){
    return eval(
        t.charCodeAt(4)
    )
}( 4 )
)
)
```

在 jsfuck 的混淆中,通常使用括号分组,因此当 jsfuck 代码无法在控制台还原出来时,可以根据括号分段处理。

6.3 代码执行流程的防护原理

经过 6.1 节和 6.2 节的处理,虽然代码已经被混淆得"面目全非"了,但是执行流程还是跟原先一样。因此,本节从代码的执行流程入手,介绍更深入的代码防护方案。

视频讲解

6.3.1 流程平坦化

在一般的代码开发中,会有很多的流程控制相关代码,即代码中有很多分支,这些分支会具有一定的层级关系。在流程平坦化混淆中,会用到 switch 语句,因为 switch 语句中的 case 块是平级的,而且调换 case 块的前后顺序并不影响代码原先的执行逻辑。为了方便理解,这里举一个简单的例子,代码如下:

```
function test1(){
    var a = 1000;
    var b = a + 2000;
    var c = b + 3000;
    var d = c + 4000;
    var e = d + 5000;
    var f = e + 6000;
    return f;
}
console.log( test1() );
//输出 21000
```

混淆 test1 函数中的代码执行流程为：首先把代码分块，且打乱代码块的顺序，分别添加到不同的 case 块中。方便起见，就处理成一行代码对应一个 case 块的形式，代码如下：

```
switch(){
    case '1':
        var c = b + 3000;
    case '2':
        var e = d + 5000;
    case '3':
        var d = c + 4000;
    case '4':
        var f = e + 6000;
    case '5':
        var b = a + 2000;
    case '6':
        return f;
    case '7':
        var a = 1000;
}
```

可以看出，当代码块打乱后，如果想要跟原先的执行顺序一样，那么 case 块的跳转顺序应该是 7、5、1、3、2、4、6。只有 case 块按照这个流程执行，才能跟原始代码的执行顺序保持一致。

其次，需要一个循环。因为 switch 语句只计算一次 switch 表达式，它的执行流程如下：
(1) 计算一次 switch 表达式。
(2) 把表达式的值与每个 case 的值进行对比（这里是 === 的匹配，不转换类型）。
(3) 如果存在匹配，则执行对应 case 块。

因此，代码可以改成如下形式：

```
while (!![]) {
//思考 switch 中的表达式该怎么写
    switch() {
        case '1':
            var c = b + 3000;
```

```
                continue;
            //每执行一次 case 块中的代码,就跳到循环末尾,继续下一次循环
            case '2':
                var e = d + 5000;
                continue;
            case '3':
                var d = c + 4000;
                continue;
            case '4':
                var f = e + 6000;
                continue;
            case '5':
                var b = a + 2000;
                continue;
            case '6':
                return f;
                continue;
            case '7':
                var a = 1000;
                continue;
        }
        break;
        //当 switch 计算出来的表达式的值与每个 case 的值都不匹配,代码就会运行到这里,再跳出
循环
}
```

这是一个死循环,所以需要一个边界条件来结束循环。假如函数有 return 语句,那么执行到对应的 case 块后,会直接返回。假如函数没有 return 语句,代码执行到最后,就需要让 switch 计算出来的表达式的值与每个 case 的值都不匹配,那么就会执行最后的 break 来跳出循环。

在这个案例里,return 语句后面的 continue 语句是不会被执行的,但留着不影响代码运行。假如这是一段由 AST 自动处理出来的代码,这样做更具通用性,不需要考虑函数的最后一条语句是否是 return 语句。

最后,需要构造一个分发器,里面记录了代码执行的真实顺序。例如,var arrStr = '7|5|1|3|2|4|6'.split('|'), i = 0;,把这个字符串 '7|5|1|3|2|4|6' 通过 split 分割成一个数组。i 作为计数器,每次递增,按顺序引用数组中的每一个成员。因此,switch 中的表达式就可以写成 switch(arrStr[i++])。完整代码如下所示:

```
function test2(){
    var arrStr = '7|5|1|3|2|4|6'.split('|'), i = 0;
    while (!![]) {
        switch(arrStr[i++]){
            case '1':
                var c = b + 3000;
                continue;
            case '2':
```

```
                    var e = d + 5000;
                    continue;
                case '3':
                    var d = c + 4000;
                    continue;
                case '4':
                    var f = e + 6000;
                    continue;
                case '5':
                    var b = a + 2000;
                    continue;
                case '6':
                    return f;
                    continue;
                case '7':
                    var a = 1000;
                    continue;
            }
            break;
        }
    }
    console.log( test2() );
    //输出 21000
```

再来解释 switch(arrStr[i++])的作用。i 的初始值为 0,会先取到 arrStr[0],然后 i 增加 1,再取到 arrStr[1],以此类推。假如函数有 return 语句,执行到最后一个 case 块时,函数返回,循环也退出了。假如函数没有 return 语句,当 i 一直递增到数组越界时,就会取到 undefined(JS 中访问数组越界不会报错),然后执行最后的 break 跳出循环。

在理解了简单的案例后,就可以对 6.2.2 节中的代码做进一步混淆,处理后的代码如下:

```
//最开始的大数组
var bigArr = [
    'cmVwbGFjZQ==', 'Z2V0TW9udGg=', 'dG9TdHJpbmc=', 'Z2V0RGF0ZQ==', 'MA==',
    ""['constructor']['fromCharCode'], '\u65e5', '\u4e00', '\u4e8c',
    '\u4e09', '\u56db', '\u4e94', '\u516d'
];
//还原数组顺序的自执行函数
(function(arr, num){
    var shuffer = function(nums){
        while( --nums){
            arr['push'](arr['shift']());
        }
    };
    shuffer(++num);
}(bigArr,0x20));
//本小节处理的 switch 流程平坦化
Date.prototype.\u0066\u006f\u0072\u006d\u0061\u0074 = function(formatStr) {
```

```
        var arrStr = '7|5|1|3|2|4'.split('|'), i = 0;
        while (!![]) {
            switch(arrStr[i++]){
                case '1':
                    eval(String.fromCharCode(115, 116, 114, 32, 61, 32, 115, 116 …… ));
                    continue;
                case '2':
                    str = str[atob(bigArr[7])](/dd|DD/, this[atob(bigArr[10])]() > 9 ? this
[atob(bigArr[10])]()[atob(bigArr[9])]() : atob(bigArr[11]) + this[atob(bigArr[10])]());
                    continue;
                case '3':
                    str = str[atob(bigArr[7])](/MM/, (this[atob(bigArr[8])]() + 1) > 9 ? (this
[atob(bigArr[8])]() + 1)[atob(bigArr[9])]() : atob(bigArr[11]) + (this[atob(bigArr[8])]()
 + 1));
                    continue;
                case '4':
                    return str;
                    continue;
                case '5':
                    var Week = [bigArr[0], bigArr[1], bigArr[2], bigArr[3], bigArr[4], bigArr
[5], bigArr[6]];
                    continue;
                case '7':
                    var \u0073\u0074\u0072 = \u0066\u006f\u0072\u006d\u0061\u0074\u0053\
u0074\u0072;
                    continue;
            }
        break;
    }
}
console.log( new \u0077\u0069\u006e\u0064\u006f\u0077[ '\u0044\u0061\u0074\u0065' ]()
[bigArr[12]](102, 111, 114, 109, 97, 116)]('\x79\x79\x79\x79\x2d\x4d\x4d\x2d\x64\x64') );
//输出结果 2020-07-04
```

JS 语法比较灵活，case 后面跟的值可以是字符/字符串，也可以是数值还可以是对象或者数组。

6.3.2 逗号表达式混淆

逗号运算符的主要作用是把多个表达式或语句连接成一个复合语句。6.3.1 节中的 test1 函数等价于：

```
function test1(){
    var a, b, c, d, e, f;
    return a = 1000,
    b = a + 2000,
    c = b + 3000,
```

```
        d = c + 4000,
        e = d + 5000,
        f = e + 6000,
        f
}
console.log( test1() );
//输出 21000
```

return 语句后通常只能跟一个表达式,它会返回这个表达式计算后的结果。但是逗号运算符可以把多个表达式连接成一个复合语句。因此上述代码中,return 语句的使用也是没有问题的,它会返回最后一个表达式计算后的结果,但是前面的表达式依然会执行。上述案例只是单纯的连接语句,没有混淆力度。下面再介绍一个案例,代码如下:

```
var a = (a = 1000, a += 2000);
console.log( a );
//输出 ???
```

第一行代码中,括号代表这是一个整体,也就是把(a=1000,a+=2000)整体赋值给 a 变量。这个整体返回的结果和 return 语句是一样的,会先执行 a=1000,然后执行 a+=2000,再把结果赋值给 a 变量,最终 a 变量的值为 3000。

明白了上述原理后,再介绍逗号运算符的混淆,以本节中的 test1 函数为例,处理思路如下。

(1) 执行 a=1000,再执行 a+2000,代码可以改为(a=1000,a+2000)。
(2) 接着赋值给 b,代码可以改为 b=(a=1000,a+2000)。
(3) 执行 b+3000,代码可以改为(b=(a=1000,a+2000),b+3000)。
(4) 接着赋值给 c,代码可以改为 c=(b=(a=1000,a+2000),b+3000)。
(5) 执行 c+4000,代码可以改为(c=(b=(a=1000,a+2000),b+3000),c+4000)。
(6) 以此类推。

处理后的代码为:

```
function test2(){
    var a, b, c, d, e, f;
    return f = (e = (d = (c = (b = (a = 1000, a + 2000), b + 3000), c + 4000), d + 5000), e + 6000);
}
console.log( test2() );
//输出 21000
```

这段代码有一个声明一系列变量的语句。这个语句很多余,可以放到参数列表上,这样就不需要 var 声明了。另外,既然逗号运算符连接多个表达式,只会返回最后一个表达式计算后的结果,那么可以在最后一个表达式之前插入不影响结果的花指令。最终处理后的代码如下:

```
function test2(a, b, c, d, e, f){
    return f = (e = (d = (c = (b = (a = 1000, a + 50, b + 60, c + 70, a + 2000), d + 80,
b + 3000), e + 90, c + 4000), f + 100 ,d + 5000), e + 6000);
}
console.log( test2() );
// 输出 21000
```

上述代码中 a+50、b+60、c+70、d+80、e+90、f+100 这些花指令并无实际意义，不影响原先的代码逻辑。test2 虽有 6 个参数，但是不传参也可以调用，只不过各参数的初始值为 undefined。

逗号表达式混淆不仅能处理赋值表达式，还能处理调用表达式、成员表达式等。考虑下面这个案例：

```
var obj = {
    name: 'xiaojianbang',
    add: function(a, b){
        return a + b;
    }
}
function sub(a, b){
    return a - b;
}
function test(){
    var a = 1000;
    var b = sub(a,3000) + 1;
    var c = b + obj.add(b, 2000);
    return c + obj.name;
}
```

test 函数中有函数调用表达式 sub，还有成员表达式 obj.add 等，可以使用以下两种方法对其进行处理。

（1）提升变量声明到参数中。

（2）b=(a=1000,sub)(a,3000)+1 中的(a=1000,sub)可以整体返回 sub 函数，然后直接调用，计算的结果加 1 后赋值给 b(等号的运算符优先级很低)。同理，如果 sub 函数改为 obj.add 的话，可以处理成(a=1000,obj.add)(a,3000) 或者 (a=1000,obj).add(a, 3000)。

第 2 种方法是调用表达式在等号右边的情况。例如 test 函数中的第 3 条语句里面的 b+obj.add(b,2000)，可以对 obj.add 进行包装，处理成 b+(0,obj.add)(b,2000) 或者 b+(0,obj).add(b,2000)，括号中的 0 可以是其他花指令。

综上所述，上述案例中的代码，可以处理成如下形式：

```
var obj = {
    name: 'xiaojianbang',
    add: function(a, b){
```

```
        return a + b;
    }
}
function sub(a, b){
    return a - b;
}
function test() {
    return c = (b = (a = 1000, sub)(a, 3000) + 1, b + (0, obj).add(b, 2000)),
    c + (0, obj).name;
}
```

在理解了简单的案例后,就可以对 6.2.2 节中的代码做进一步混淆,处理后的代码如下:

```
//最开始的大数组
var bigArr = [
    'cmVwbGFjZQ==', 'Z2V0TW9udGg=', 'dG9TdHJpbmc=', 'Z2V0RGF0ZQ==', 'MA==',
    ""['constructor']['fromCharCode'], '\u65e5', '\u4e00', '\u4e8c',
    '\u4e09', '\u56db', '\u4e94', '\u516d'
];
//还原数组顺序的自执行函数
(function(arr, num){
    var shuffer = function(nums){
        while( --nums){
            arr['push'](arr['shift']());
        }
    };
    shuffer(++num);
}(bigArr,0x20));
//本节处理的代码
//把原先的变量定义提取到参数列表中
Date.prototype.\u0066\u006f\u0072\u006d\u0061\u0074 = function(formatStr, str, Week) {
//因为基本上都会处理成一行代码,所以 return 语句可以提到最上面
return str =
        (str = (
            Week = (
                \u0073\u0074\u0072 = \u0066\u006f\u0072\u006d\u0061\u0074\u0053\u0074\u0072,
                [bigArr[0], bigArr[1], bigArr[2], bigArr[3], bigArr[4], bigArr[5], bigArr[6]]
            //上面这个表达式的结果,会赋值给 Week
            ),
            eval(bigArr[12](115, 116, 114, 32, 61, 32, 115, 116, ... )),
            str[atob(bigArr[7])](/MM/, (this[atob(bigArr[8])]() + 1) > 9 ? (this[atob(bigArr[8])]() + 1)[atob(bigArr[9])]() : atob(bigArr[11]) + (this[atob(bigArr[8])]() + 1))
        //上面这个表达式的结果,会赋值给第二个 str
        ),
        str[atob(bigArr[7])](/dd|DD/, this[atob(bigArr[10])]() > 9 ? this[atob(bigArr[10])]()[atob(bigArr[9])]() : atob(bigArr[11]) + this[atob(bigArr[10])]())
```

```
        //上面这个表达式的结果,会赋值给第一个 str
    );
}
console.log( new \u0077\u0069\u006e\u0064\u006f\u0077[ '\u0044\u0061\u0074\u0065' ]()
[bigArr|12](102, 111, 114, 109, 97, 116)]('\x79\x79\x79\x79\x2d\x4d\x4d\x2d\x64\x64') );
//输出结果 2020-07-04
```

最后介绍逗号表达式混淆的还原技巧。在逗号表达式混淆中,通常需要使用括号来分组。定位到最里面的那个括号,一般就是第一条语句。然后从里到外,一层层地根据括号对应关系,还原语句顺序。如果用 AST 还原逗号表达式混淆,就不用这么麻烦地找对应关系,几行代码就可以解决问题。在后续章节中会有详细介绍。

6.4 其他代码防护方案

6.4.1 eval 加密

视频讲解

在前文中已经接触过 eval 函数了,本节将介绍 eval 加密。此处以 6.1 节的代码为例说明 eval 加密,加密的代码格式化后如下所示:

```
eval(function (p, a, c, k, e, r) {
    e = function (c) {
        return c.toString(36)
    };
    if ('0'.replace(0, e) == 0) {
        while (c--)
            r[e(c)] = k[c];
        k = [function (e) {
            return r[e] || e
        }
        ];
        e = function () {
            return '[2-8a-f]'
        };
        c = 1
    };
    while (c--)
        if (k[c])
            p = p.replace(new RegExp('\\b' + e(c) + '\\b', 'g'), k[c]);
    return p
}('7.prototype.8 = function(a){b 2 = a;b Week = [\'日\',\'一\',\'二\',\'三\',\'四\',\'五\',\'六\'];2 = 2.4(/c|YYYY/,3.getFullYear());2 = 2.4(/d/,(3.5() + 1)> 9?(3.5() + 1).e():\'0\' + (3.5() + 1));2 = 2.4(/f|DD/,3.6()> 9?3.6().e():\'0\' + 3.6());return 2};console.log(new 7().8(\'c-d-f\'));', [], 16, '||str|this|replace|getMonth|getDate|Date|format||formatStr|var|yyyy|MM|toString|dd'.split('|'), 0, {}))
```

这段代码的一个 eval() 函数,它用来把一段字符串当作 JS 代码来执行。也就是说,传给 eval() 的参数是一段字符串。但在上述代码中,传给 eval() 函数的参数是一个自执行的匿名函数。这说明,这个匿名函数执行后会返回一段字符串,并且用 eval() 执行这段字符串,执行效果与 eval 加密前的代码效果等同。那就可以把这个匿名函数理解成是一个解密函数了。由此可见,eval 加密其实和 eval() 关系不大,eval() 只是用来执行解密出来的代码。

再来观察传给这个匿名函数的实参部分。观察第 1 个实参 p 和第 4 个实参 k。可以看出处理方式很简单,提取原始代码中的一部分标识符,然后用它自己的符号占位,最后再对应替换回去就解密了。

最后介绍 eval 解密。这个比较容易,既然这个自执行的匿名函数就是解密函数,把上述代码中的 eval 删去,剩余代码在控制台中执行,就得到原始代码。

6.4.2 内存爆破

内存爆破是在代码中加入死代码,正常情况下这段代码不执行,当检测到函数被格式化或者函数被 Hook,就跳转到这段代码并执行,直到内存溢出,浏览器会提示 Out of Memory 程序崩溃。内存爆破的代码如下所示:

```
var d = [0x1, 0x0, 0x0];
function b(){
    for(var i = 0x0, c = d.length; i < c; i++){
        d.push(Math.round(Math.random()));
        c = d.length;
    }
}
```

这段代码中的 for 循环是一个死循环,但它的形式不像 while(true) 这样明显。尤其是代码混淆以后,更具迷惑性。这段代码其实是从以下这段代码简化而来:

```
this['NsTJKl'] = [0x1, 0x0, 0x0];
…
_0x4b1809['prototype']['xTDWoN'] = function (_0x597ca7) {
    for (var _0x3e27c4 = 0x0, _0x192434 = this['NsTJKl']['length']; _0x3e27c4 < _0x192434; _0x3e27c4++) {
        this['NsTJKl']['push'](Math['round'](Math['random']()));
        _0x192434 = this['NsTJKl']['length'];
    }
    return _0x597ca7(this['NsTJKl'][0x0]);
}
```

for 循环的结束条件是 _0x3e27c4 < _0x192434,其中 _0x192434 的初始化值是数组的大小。看着像是一个遍历数组的操作,但是在循环中,又往数组中 push 了成员,接着又

重新给_0x192434赋值为数组的大小。这时这段代码就永远也不会结束了,直到内存溢出。

6.4.3 检测代码是否格式化

检测的思路很简单,在JS中,函数是可以转为字符串的。因此可以选择一个函数转为字符串,然后跟内置的字符串对比或者用正则匹配。函数转为字符串很简单,代码如下:

```
function add(a, b){return a + b;}
console.log( add + '');
console.log( add.toString() );
// "function add(a, b){return a + b;}"
```

在Chrome开发者工具中,把代码格式化后,会产生一个后缀为:formatted的文件。之后这个文件中设置断点,触发断点后,会停在这个文件中。但是,这时把某个函数转为字符串,取到的依然是格式化之前的代码,如图6-1所示。

图6-1 在Chrome中格式化代码

上述检测方法检测不到这种情况。那么,上述检测方法的应用场景是什么?在算法逆向中,分析完算法,为了得到想要的结果,就需要实现这个算法。简单的算法一般可以直接调用现成的加密库。复杂的算法就会选择直接修改原文件,然后运行得到结果。把格式化后的代码保存成一个本地文件,这时某个函数转为字符串,取到的就是格式化后的结果了,如图6-2所示。

是否触发格式化检测,关键是看原文件中是否有格式化。接着把6.4.2节中的内存爆破代码加入其中。检测到格式化就跳转到内存爆破代码中执行,程序会崩溃。

图 6-2　格式化代码后的结果

6.5　小结

混淆的目的是增加逆向开发者的工作量。例如，原本一小时就解决的算法，混淆后可能需要几天才能解决。当算法每天更新，逆向开发者自然就放弃了。目前市面上已有此类方案，只不过变化的算法仅限于微调，如算法中的常量、算法加密前的参数顺序等。如果要实现此类方案，需要一种自动化处理代码的方案，AST 为此而生。

6.6　习题

1. 尝试把'Hello,AST',转为十六进制字符串。
2. !+[]+!![]+!![]+!![]+[]计算后的结果是多少？
3. 以下代码执行后,输出的值是多少？

```
var o = {
    x: function (a) {
        return a + 1000;
    }
};
function a(z) {
    z = 2000;
    return function (x, s, t) {
        return (t = (s = (x = o.x(100), o)).x(200), t + z);
    }();
}
console.log( a() );
```

4. 将第 3 题中的逗号表达式混淆,手动还原成更易读的形式。
5. 将第 4 题中还原后的代码,手动改成 switch 流程平坦化的形式。

第 7 章

AST 抽象语法树的原理与实现

学习了前面的章节,对于反爬虫概念以及混淆 JS 的还原有了大致了解。从本章开始,将逐步介绍 AST 相关原理,并使用 Python 实现简易 JS 解析器,将 JS 编译为 AST 抽象语法树。

7.1 理解 AST 抽象语法树

7.1.1 AST 基本概念

在计算机科学中,抽象语法树(Abstract Syntax Code,AST)是源代码语法结构的一种抽象表示。它本质上是一棵多叉树,树上的每个节点都表示源代码中的一种结构。

AST 之所以被称为抽象语法树,很大程度源于其语法结构——树状结构。在树状结构的语法表示中,原本联系紧密、结构紧凑的代码被切分成了不可再分的零碎词块,且语法不会表示出真实语法中的所有细节,由此带来了"抽象"的感觉。例如,编写一个简单的判断表达式 1+1==2,表达式在解析后得到的 AST 抽象语法树如图 7-1 所示。

7.1.2 AST 在编译中的位置

回顾编译原理,使用任何编程语言都需要一些软件来处理源代码以便让计算机能够理解。该软件可以是解释器,也可以是编译器。无论使用的是解释型语言(JS、Python、Ruby),还是编译型语言(C♯、Java、Rust),它们都有一个共同的部分:将源代码作为纯文本解析为 AST 抽象语法树的数据结构。

编译器分为五个部分:词法分析、语法分析、语义分析、中间代码的生成及优化和目标代码的生成。目标代码往往是以二进制的形式存在;解释器更像是一个"计算器",输入的

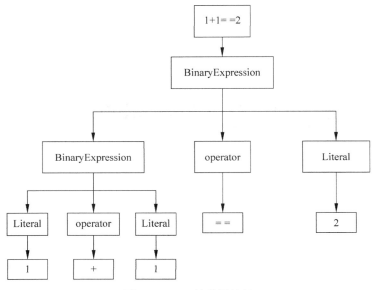

图 7-1 AST 抽象语法树

表达式会直接产出执行结果。二者在语法分析后都会生成 AST。如图 7-2 所示,从流程出发,不论是编译器还是解释器,由 JS 源代码到 AST 抽象语法树所需要的过程主要分为两步:将源代码进行词法分析,生成 token 符号流;token 符号流通过语法分析,生成语法树。

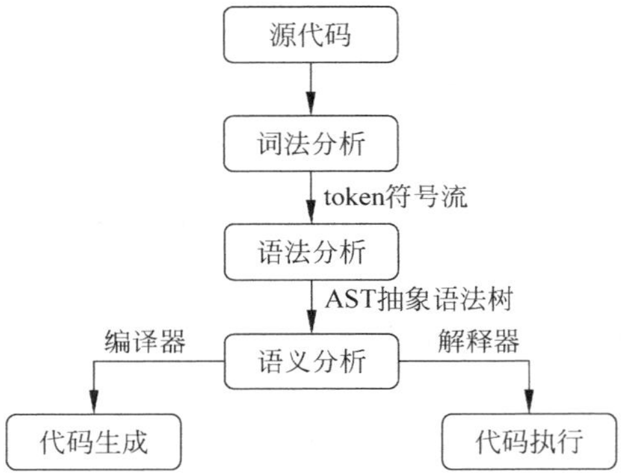

图 7-2 AST 的位置

7.1.3 AST 程序开发

AST 不仅用于编程语言的解释器和编译器开发。在计算机世界中,它还有多种应用。使用它最常见的方法之一是进行静态代码分析。静态分析器不执行输入的代码,但仍然需要理解代码的结构。例如,开发者想要实现一个程序,使用该程序可以将输入代码中的重复结构进行重构,或者将其中新的语法结构转化为向下兼容的代码。

实现这样的工具,可以不用自己编写解释器。目前 JS 拥有强大的 Babel 编译器可以帮助完成复杂任务,生成语法树输出,即 ASTs,它被广泛应用于代码转换。例如,希望实现一个将 JS 代码进行语法混淆的工具,在不改变代码的基本结构的情况下,把其中的变量和代码逻辑隐藏起来。或者实现一个简单的编译器,把输入的 Python 代码转化为 JS 代码。

事实上,ASTs 只是部分语言的不同表示方法。解析之前,它被表示为遵循一些规则的文本,这些规则构成了一种语言。解析之后,它被表示为一个树状结构,其中包含与输入文本完全相同的信息。因此,也可以进行反向解析,然后回到文本。

7.2 词法分析

7.2.1 词法分析基本原理

词法分析是将源代码转化为 AST 抽象语法树的第一步，是编译的基础。主要作用是对源代码进行从左到右的扫描，按照定义的词法规则识别单词，并且生成对应的单元供语法分析调用。完成词法分析任务的程序叫词法分析器。以具体的 JS 代码为例，以下是一个简单的赋值语句：

```
let x = y + 1;
```

词法分析器处理到这行源代码时，首先进行预处理，从左到右一个字符一个字符地读入，在字符逻辑上是一个单元的字符将会被组合起来，合成之后再对单元进行分类。每个类别会有一个名称方便识别，也可能会有数字类别，用于数理逻辑划分。在这一行代码中，预先设定如表 7-1 所示的词法规则。

表 7-1 词法规则表

数字类型	单词类型	语素	名称
0	关键词	let	LET
1	赋值操作符	=	ASSIGN_SIGN
2	变量	x	IDENTIFIER
3	加法操作符	+	PLUS_SIGN
4	数字	1	INTEGER
5	语句结束	;	SEMICOLON

在词法分析器识别源代码时，计算机不知道这是以空格分隔的 7 个单词，只知道这是普通的 9 个字符构成的字符串。这里使用空格作为分隔符，将语素从输入字符串中分隔出来：

```
'let'  'x'  '='  'y'  '+'  '1'  ';'
```

语素只是一类字符构成的单元，纯粹的字符单元切分是没有意义的。因而词法分析器还会为每个字符单元添加属性，根据定义的词法规则生成对应的属性词块，还可以带上字符单元对应的行号，这样方便输出错误信息和开发调试器，如下所示：

```
LET(0,'let',1)
IDENTIFIER(1,'x',1)
ASSIGN_SIGN(2,'=',1)
IDENTIFIER(1,'y',1)
PLUS_SIGN(3,'+',1)
INTEGER(4,'1',1)
SEMICOLON(5,';',1)
```

每个词块都会包含字符单元本身，并将数字序号写入。这样的词块划分只是为了方便用户识别,从机器角度出发,这段代码在数理逻辑上可以用数字 0121345 来代替。将输入代码分隔为单词、进而将单词进行分类的过程叫作单词化,生成的单词被用来进行语法分析。

7.2.2 Python 编写词法分析器

使用 Python 语言编写一个简单的词法分析器,以数字赋值表达式为例,将上述词块定义为 Token 类。每个 Token 都包含着类型、单词和行号,如下所示:

```python
class Token:
    def __init__(self,type,literal,lineNumber):
        self.type = type
        self.literal = literal
        self.lineNumber = lineNumber

    @property
    def getType(self):
        return self.type
    @property
    def getLiteral(self):
        return self.literal
    @property
    def getLineNumber(self):
        return self.lineNumber

    def __str__(self):
        return "Type:{} ;Literal:{} ;LineNumber:{}".\
            format(self.type,self.literal,self.lineNumber)
```

接着定义一个 Lexer 类充当词法分析器,把输入的源代码解析成 Token 词块。这里选择简单的解析方法,将字符一个一个地读入,判断读取的字符是否是特殊符号,如果有赋值符号或者加号等,就直接生成 Token 对象;如果没有,就将字符组合成字符串,直到遇到空格或者回车,然后判断生成的字符串对应词法分析表中的哪个分类,按照类别生成 Token 对象。首先定义词法分析器,代码如下:

```python
class Lexer:
    def __init__(self,code):
        self.code = code
        self.position = 0
        self.readPosition = 0
        self.lineCount = 0
        self.char = ''
        self.initTokenType()

    def initTokenType(self):
        self.ILLEGAL = -2
        self.EOF = -1
        self.LET = 0
```

```
        self.IDENTIFIER = 1
        self.ASSIGN_SIGN = 2
        self.PLUS_SIGN = 3
        self.INTEGER = 4
        self.SEMICOLON = 5
```

定义的 initTokenType 方法相当于词法分析表的分类,为不同的字符序列标记了不同的数字符号。接着实现字符的读入方法,作用是将输入源代码中的字符串一个字符一个字符地读入,在读取位置到达源代码末尾时终止。然后定义一个 skip 方法,用于跳过读取字符中的空格符号或者换行和制表符,如果遇到回车符或者换行符,会将行号加 1,如下所示:

```
def readChar(self):
    if self.readPosition >= len(self.code):
        self.char = 0
    else:
        self.char = self.code[self.readPosition]

    self.position = self.readPosition
    self.readPosition += 1

def skip(self):
    while (self.char == ' ' or self.char == '\t' or self.char == '\n'):
        if(self.char == '\t' or self.char == '\n'):
            self.lineCount += 1
        self.readChar()
```

遇到和词法规则匹配的字符时,需要根据其特定含义进行分类,而且在遇到多个字符有关联的情况下,会对字符单元进行组合,实现代码如下:

```
def nextToken(self):
    token = ''
    lineCount = self.lineCount
    self.skip()

    if self.char == '+':
        token = Token(self.PLUS_SIGN,'+',lineCount)
    elif self.char == '=':
        token = Token(self.ASSIGN_SIGN,'=',lineCount)
    elif self.char == ';':
        token = Token(self.SEMICOLON,';',lineCount)
    elif self.char == 0:
        token = Token(self.EOF,'',lineCount)
    else:
        longstr = self.readIdentifier()
        if longstr:
            token = Token(self.IDENTIFIER,longstr,lineCount)
        else:
```

```
                longstr = self.readInteger()
                if longstr:
                    token = Token(self.INTEGER,longstr,lineCount)

                if longstr == 'let':
                    token = Token(self.LET,longstr,lineCount)

        self.readChar()
        return token
```

执行 nextToken 方法时，先跳过读入字符中的空格或换行符。如果遇到特殊符号，就会及时生成对应的 Token 类；如果遇到的是英文字母或者阿拉伯数字，就会判断组合情况，当读入的连续字符是有关联的，词法分析器会进行字符拼接，只有读取完整的字符单元才会停止。例如在读取以下代码时：

```
let test = 123 ;
```

let、test 和 123 是三个词法单元，需要将它们整体读取。在词法分析器遇到 test 时，先会读入 t、e、s 和 t 四个字符，然后通过 readIdentifier 方法将它们拼接为字符串 test，生成对应的字母 Token 类；在遇到数字 123 时，先读入 1、2 和 3 这三个字符，再经过 readInteger 方法拼接为字符串 123，生成相应的数字 Token 类。在 readIdentifier 方法和 readInteger 方法的编写之前，还需要分辨字母和数字两种数据类型，在 Python 中使用内置函数即可，如：

```
    def isLetter(self,char):
        return char.isalpha()

    def isDigit(self,char):
        return char.isdigit()

    def readIdentifier(self):
        identifier = ''
        while self.isLetter(self.char):
            identifier += self.char
            self.readChar()

        if len(identifier)> 0:
            return identifier
        return False

    def readInteger(self):
        integer = ''
        while self.isDigit(self.char):
            integer += self.char
            self.readChar()

        if len(integer)> 0:
            return integer
        return False
```

至此，简单的词法分析器编写完毕，接下来只需要写一个启动函数即可，如：

```python
def startLex(self):
    self.readChar()

    tokens = []
    token = self.nextToken()
    while token.getType!= self.EOF:
        print('token:',token)
        tokens.append(token)
        token = self.nextToken()
    return tokens
```

最后，编写一段简单的测试代码，放入词法分析器中进行词法分析，如下所示：

```python
if __name__ == '__main__':
    code = """let x = 1 ;
        let test = 123 ;
        """
    Lex = Lexer(code)
    Lex.startLex()
```

运行代码后，输出每次 Token 分词结果如下：

```
token: type:0 literal:let lineNumber:0
token: type:1 literal:x lineNumber:0
token: type:2 literal:= lineNumber:0
token: type:4 literal:1 lineNumber:0
token: type:5 literal:; lineNumber:0
token: type:0 literal:let lineNumber:0
token: type:1 literal:test lineNumber:1
token: type:2 literal:= lineNumber:1
token: type:4 literal:123 lineNumber:1
token: type:5 literal:; lineNumber:1
```

其中 let 对应的数字类型是 0，也就是词法规则表中的 LET 类型；x 和 test 对应数字类型 2，是词法规则表中的 IDENTIFIER 类型；1 和 123 对应的数字类型是 4，是词法规则表中的 INTEGER 类型；分号对应的数字类型是 5，是词法规则表中的 SEMICOLON 类型；等号对应的数字类型是 1，是词法规则表中的 ASSIGN_SIGN 类型。此外，各词法单元行号也都是正确的，说明词法分析器运行无误。

7.3 语法分析

7.3.1 语法分析基本原理

语法分析是编译原理的核心部分。作用是接收词法分析给出的词块，在此基础上将词块组合成各类的语法短语，分析是否是给定语法的正确句子，判断源代码在结构上是否正确。目前常用的是自顶向下文法和自底向上文法。

1. 自顶向下文法

自顶向下文法是面向目标的分析方法,从文法的开始符号出发,目的是推导出与输入的源程序串完全匹配的句子。如果输入的源程序串符合定义好的文法,就能推导出具体结果,反之则会报错。自顶向下文法的确定分析需要对文法进行限制,但实现起来简单方便,所以目前较为常用。自顶向下文法的不确定分析是带回溯的分析方法,本质上是一种穷举的试探方法,因效率低下,较少使用。

2. 自底向上文法

自底向上文法是对输入源程序从左向右扫描,并将得到的字符压入一个后进先出的栈数据结构中。在压入的同时进行分析,如果栈顶符号串形成某个句型的句柄或可归约串时,就用该产生式的左部非终结符代替相应右部的文法符号串,这称为一步归约。重复这一过程直到归约到栈中只剩文法的开始符号时则为分析成功,确认输入串是文法的句子。

在7.2节中介绍了词法分析器的开发,它对输入源代码进行了识别分类,把不同类别的单元划分到了不同的Token类中。例如字母构成的字符串,如果不是定义好的关键字,会被划分到IDENTIFIER类,而数字构成的字符换会被划分到INTEGER类中。

用以下语句为例:

```
let test = 1 ;
```

经过词法分析器的切分,会转化为以下形式:

```
LET    IDENTIFIER    ASSIGN_SIGN    INTEGER    SEMICOLON
```

接下来需要用语法分析器进行处理。语法分析器会判断输入的分类组合是否合法,如果组合是正确的,语法分析器会根据组合所形成的内在逻辑关系,构造出AST抽象语法树。根据这棵多叉树的数据结构,编辑器就可以为代码生成二进制指令,或者用解释器进行执行。

为了进行语法判断,需要严格定义每一行代码背后的逻辑结构。这里规定,let关键字后必须跟一个字符串变量,且字符串变量后必须是数字的赋值语句,它的语法表达式如下所示:

```
LetStatement := LET IDENTIFIER ASSIGN_SIGN INTEGER SEMICOLON
```

根据LetStatement,可以判断输入的字符组合是否符合语法规则,对于以下代码:

```
let test 123 ;
```

在词法分析后得到的分类组合为:

```
LET IDENTIFIER INTEGER SEMICOLON
```

显然与已经定义好的语法规则不符。这时,语法分析器会分析出代码中的错误组合,并对开发者报告错误。

此处 LetStatement 定义的规则只是为了说明。事实上，INTEGER 可以更改为 EXPRESSION，EXPRESSION 可以用来表示变量字符串、数字或者复杂的算术表达式。既然 EXPRESSION 可以包含复杂表达式，那就暗含了递归思想，需要再次深入到 EXPRESSION 里进行语法规则的匹配。

在接下来的语法解析器的编写中，选择较为简单的自顶向下文法。

7.3.2 Python 编写语法分析器

本节的目标是开发一个可以解析以下代码的语法分析器：

```
let test = 123 ;
```

因为要构建 AST 抽象语法树，所以需要定义叶子节点 Node，Statement 代表着一句完整的代码，Expression 表示赋值表达式，它们都建立在 Node 节点的基础上，如下所示：

```python
class Node:
    def __init__(self,props):
        self.tokenLiteral = ''

    def getLiteral(self):
        return self.tokenLiteral

class Statement(Node):
    def statementNode(self):
        return self

class Expression(Node):
    def __init__(self,props):
        super(Expression, self).__init__(props)
        self.tokenLiteral = props.token.getLiteral()

    def expressionNode(self):
        return self
```

在处理表达式的时候，变量定义为字符串 Identifier 类型，如下所示：

```python
class Identifier(Expression):
    def __init__(self,props):
        super(Identifier, self).__init__(props)
        self.tokenLiteral = props.token.Literal
        self.token = props.token
        self.value = ''
```

目标是要解析以下语句：

```
let test = 123 ;
```

这行代码对应的语法表达式为:

```
LET IDENTIFIER ASSIGN_SIGN INTEGER SEMICOLON
```

在给出的代码中,let 是关键字,根据语法规则,后边跟随字母分类 IDENTIFIER,所以使用 Identifier 类解析时,props.token 对应类别是 IDENTIFIER 词块,token.getLiteral 方法得到的是字符串 test。等号后是一个数字,它的类别是 INTEGER,使用 Expression 类解析它时,得到的 toke 类别是 INTEGER,所以 getLiterlal 方法得到的是数组字符串 123。

接着定义一个 LetStatement 类来解析 let 语句。它由两部分组成:let 后的字符串变量;赋值表达式之后的数字、变量或者算术表达式,如下所示:

```python
class LetStatement(Statement):
    def __init__(self,props):
        super(LetStatement, self).__init__(props)
        self.token = props.token
        self.name = props.identifier
        self.value = props.expression
        
        res = {'LetStatement':{}}
        res['LetStatement']['left'] = props.identifier.\
            getLiteral()
        res['LetStatement']['right'] = self.value.getLiteral()
        self.tokenLiteral = res
```

其中,props.token 对应关键字 let,props.identifier 对应关键字后的字符串变量,也就是 Identifier 类,props.expression 对应等号后的赋值语句,在这里暂时是一个数字,也就是 INTEGER。

然后定义整个输入代码文件的 Program 类,代码如下:

```python
class Program:
    def __init__(self):
        self.statements = []
    
    def getLiteral(self):
        if len(self.statements)> 0:
            return self.statements[0].tokenLiteral()
        return ''
```

它由一系列 Statement 组成,一个 Statement 可以理解为一行以分号结束的代码。整个输入代码是以分号结束的 Statement 的集合,也有不以分号结尾的 Statement,例如条件判断:

```
if (...){...}
else{...}
```

接着构建语法解析的主体代码。在构造语法分析器时，需要传入词法分析器，因为语法分析器以词法分析的结果为输入。在初始化阶段，会先调用词法分析器的启动函数，对输入的源代码进行词法分析，词法分析得到一系列 token 字符单元作为语法分析器的输入。再声明两个指针，一个用于指向词法分析后得到 token 数组的当前字符单元，另一个指向下一个字符单元，如下所示：

```
class CompilerParser:
    def __init__(self,lexer):
        self.lexer = lexer
        self.lexer.startLex()
        self.tokenPosition = 0
        self.currentToken = None
        self.peekToken = None
        self.nextToken()
        self.nextToken()
        self.program = Program()
```

在初始化中连续两次读入了 token，只有读入两个字符单元才能了解当前解析的代码的含义，nextToken 方法如下所示：

```
def nextToken(self):
    self.currentToken = self.peekToken
    if self.tokenPosition < len(self.lexer.tokens):
        self.peekToken = self.lexer.tokens[self.tokenPosition]
    self.tokenPosition += 1
```

例如输入的代码是 '1;'，currentToken 对应的是 1，peekToken 对应的是分号，解析的时候就知道当前的代码表示一个整数 1。在初始化函数中，运行完这两行代码后，currentToken 会指向 token 数组中的第一个 token，peekToken 会指向第二个 token。

在 parseProgram 方法被调用时，语法分词器就正式开始运作了。首先读入一个完整的 Statement，这里的 Statement 就是以 let 关键字开头的语句，如：

```
def parseProgram(self):
    while self.currentToken.type!= self.lexer.EOF:
        state = self.parseStatement()
        if state!= None:
            self.program.statements.append(state)
        self.nextToken()
    return self.program

def parseStatement(self):
    if self.currentToken.Type == self.lexer.LET:
        return self.parseLetStatement()
```

```python
        else:
            return None

    def parseLetStatement(self):
        props = {}
        props['token'] = self.currentToken
        if (self.expectPeek(self.lexer.IDENTIFIER) == False):
            return None
        identProps = {}
        identProps['token'] = self.currentToken
        identProps['value'] = self.currentToken.Literal
        props['identifier'] = Identifier(identProps)

        if (self.expectPeek(self.lexer.ASSIGN_SIGN) == False):
            return None
        if (self.expectPeek(self.lexer.INTEGER) == False):
            return None

        exprProps = {}
        exprProps['token'] = self.currentToken
        props['expression'] = Expression(exprProps)

        if (self.expectPeek(self.lexer.SEMICOLON) == False):
            return None

        letStatement = LetStatement(props)
        return letStatement

    def curTokenIs(self, tokenType):
        return self.currentToken.Type == tokenType

    def peekTokenIs(self, tokenType):
        return self.peekToken.Type == tokenType

    def expectPeek(self, tokenType):
        if self.peekTokenIs(tokenType):
            self.nextToken()
            return True
        else:
            return False
```

在 parseProgram 方法中，每次会读入一个 token，如果读入的 token 不代表代码结束，就会使用 parseStatement 方法解析一条语句。

在 parseStatement 方法中，面对不同的关键词，会进行不同的方法调用。暂时只实现了 let 关键字的语句解析，所以判断输入的代码是否符合 LetStatement 的语法结构，进行 let 关键字判断的是 parseLetStatement 方法。它首先会根据语法结构判断，查看关键字 let 之后是否跟着字符串变量，如：

```
if (self.expectPeek(self.lexer.IDENTIFIER) == False):
    return None
```

接着判断字符串变量后是否跟着赋值符号：

```
if (self.expectPeek(self.lexer.ASSIGN_SIGN) == False):
    return None
```

在 let 语句的赋值符号后，目前规定只能跟数字类型。如果是数字类型，就构造 Expression 类，将数字封装进去，代码如下：

```
if (self.expectPeek(self.lexer.INTEGER) == False):
    return None

exprProps = {}
exprProps['token'] = self.currentToken
props['expression'] = Expression(exprProps)
```

最后，let 语句会规定代码必须以分号结尾：

```
if (self.expectPeek(self.lexer.SEMICOLON) == False):
    return None
```

接下来，只需要再添加一个入口方法：

```
def startParser(self):
    self.parseProgram()
    for i in self.program.statements:
        print('Program:', i.getLiteral())
```

完成上面代码，启动解析器进行词法分析和语法分析，如下所示：

```
if __name__ == '__main__':
    code = "let test = 123 ;"
    Lex = Lexer(code)
    Parser = CompilerParser(Lex)
    Parser.startParser()
```

得到的输出结果如下：

```
Program: {'LetStatement': {'left': 'test', 'right': '123'}}
```

7.4　Babel 编译步骤

到目前为止，介绍了使用 Python 开发简单的解析器，将输入的源代码解析为 AST 抽象语法树，了解了源代码到 AST 的转化过程。但是，从头开始实现编译器是极其复杂的，一个数字赋值语句就有上百行代码，所以可以使用一些现成的工具来帮助完成 AST 的解析，只需要在此基础上进行二次开发即可。

Babel 是一个强大的 JS 编译器，确切地说是源码到源码的编译器，通常也叫作转换编译器(transpiler)。为 Babel 提供一些 JS 代码，Babel 更改这些代码，然后返回新生成的代码。为 Babel 提供的代码会比较方便地转化为 AST 抽象语法树，之后只需要专注 AST 抽象语法树的转化生成。

Babel 的编译过程主要有以下三个阶段。

(1) 解析(Parse)：将输入字符流解析为 AST 抽象语法树。
(2) 转化(Transform)：对抽象语法树进一步转化。
(3) 生成(Generate)：根据转化后的语法树生成目标代码。

7.4.1 Babel 的解析

Babel 的解析实际上包含了两个内容：词法分析和语法分析。经过这一步后，可以直接得到输入源代码的 AST 抽象语法树，极大地方便了 AST 程序的开发。

7.4.2 Babel 的转化

转化步骤接收 AST 并对其进行遍历，在此过程中对节点进行添加、更新及移除等操作。后续的混淆 JS 代码以及对混淆过的 JS 代码进行还原都在此处，这是本书的重点。之所以将字符流转化为抽象语法树，原因是树状结构更加容易进行原子操作，可以对任意的节点进行精细化处理。在抽象语法树中，代码间的关系被抽象为节点间的关系，而实现相同功能的节点之间的表示也是相同的。利用这一点，可以在语法树层面对输入的代码进行增、删、改、查，而不必关心具体的代码书写。制定几条规则，Babel 就可以对抽象语法树进行遍历，完成整个代码的批量操作。

7.4.3 Babel 的生成

代码生成步骤把最终(经过一系列转换之后)的 AST 转换成字符串形式的代码。代码生成其实很简单：深度优先遍历整个 AST，然后构建可以表示转换后代码的字符串。经过这一步，就可以得到从 AST 抽象语法树层面修改过的代码。

7.5 小结

主要讲解 AST 抽象语法树的基本概念，介绍词法分析和语法分析，使用 Python 编写了简单的词法分析器和语法分析器，最后引入 Babel 编译器，帮助进行 AST 程序开发。

7.6 习题

1. 简述什么是 AST。
2. 简述编译器和解释器的主要区别。
3. 典型的编译器在逻辑功能上由哪几部分组成？
4. Babel 编译器在程序执行时，会包括以下哪些步骤？
   A. 词法分析　　　　B. 语法分析　　　C. 语义分析　　　D. 代码转化
5. 谈谈对 AST 程序开发的理解。

第8章

AST的API详解

JS 的语法非常灵活，直接混淆 JS 代码或者还原是很麻烦的，要考虑的情况太多，容易出错。但把 JS 代码转换成抽象语法树（以下简称 AST）后，一切都简单了。在编译原理里，从源代码到机器码，中间还需要经过很多步骤。例如，源代码通过词法分析器变为记号序列，接着通过语法分析器变为 AST，再通过语义分析器，一步步往下编译，最后变成机器码。所以，AST 实际上是一个概念性的东西，实现了词法分析器和语法分析器，就能把不同的语言解析成 AST。

如果想把 JS 代码转换成 AST，可以写代码，也可以使用现成的解析库。当使用的解析库不一样时，生成的 AST 会有所区别，本书采用的是 Babel 解析库。使用 AST 自动化处理 JS 代码前，需要对 AST 相关的 API 有一定的了解，这是本章着重介绍的内容。

8.1 AST 入门

8.1.1 AST 的基本结构

JS 代码解析成 AST 以后，类似于中间形式的 json 数据。经过 Babel 解析，里面的元素叫作节点（Node），同时 Babel 也提供了很多方法去操作这些节点。本节以一个案例来说明 AST 的基本结构，代码如下：

```
let obj = {
    name: 'xiaojianbang',
    add: function (a, b) {
        return a + b + 1000;
    },
    mul: function (a, b) {
        return a * b + 1000;
    },
};
```

本章后续内容中，把这段代码称为原始代码，如果没有特别说明，均以处理此代码为例。将上述代码在 AST Explorer 网页中进行解析，如图 8-1 所示。先选择 JS 语言以及 @babel/parser 的解析方式，在网页的右上角会显示当前选择的解析方式。网页左边是输入 JS 代码的地方，右边是解析以后的 AST。当然该网页不单可以解析 JS 代码，还能够解析 HTML、CSS、Lua、PHP 等语言。

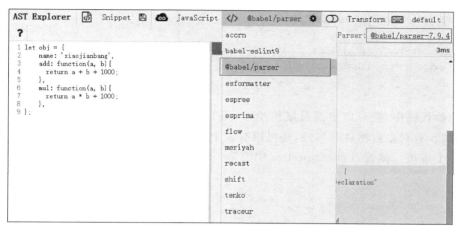

图 8-1　AST Explorer 网站

解析后 AST 有很多层级，这些层级互为父子节点。接下来逐级分析这些节点：

```
"body": [{
    "type": "VariableDeclaration",
    ...
    "declarations": [{ ... }],
    "kind": "let"
}]
//注意，出于简化目的移除了某些属性
```

字符串形式的 type 字段表示节点的类型，例如上述代码中的 VariableDeclaration。每一种类型的节点都定义了一些附加属性，用来进一步描述该节点类型。VariableDeclaration 表示这是一个变量声明语句，kind 表示变量声明语句所使用的关键字，declarations 指声明的具体的变量。declarations 是一个数组，因为一个 let 关键字可以同时声明多个变量，如 let a,b；当前只声明了一个变量 obj，所以 declarations 只有一个成员。再来查看 declarations 中的内容：

```
{
    "type": "VariableDeclarator",
    ...
    "id": {
        "type": "Identifier",
        ...
        "name": "obj"
    },
    "init": { ... }
}
```

declarations 里面是声明的具体变量的信息,每一个变量都以 VariableDeclarator 表示。VariableDeclarator 的属性主要是 id 和 init。id 很容易理解,表示这是一个 Identifier(标识符),name 是 obj,与原始代码一致。对于 init,假如只是声明变量,没有给初始值,那么 init 的值为 null,但在原始代码中是有初始值的,因此还要继续查看 init 中的内容:

```
{
    "type": "ObjectExpression",
    ...
    "properties": [{...},{...},{...}],
    "extra": {trailingComma: 150}
}
```

在原始代码中,把对象字面量赋值给了 obj,AST 中把这个称为 ObjectExpression(对象表达式)。有对象自然就有属性,还可以有多个属性,因此 properties 是一个数组,一个属性对应一个成员。接着查看 properties 中的第一个属性:

```
{
    "type": "ObjectProperty",
    ...
    "method": false,
    "key": {
        "type": "Identifier",
        ...
        "name": "name"
    },
    "computed": false,
    "shorthand": false,
    "value": {
        "type": "StringLiteral",
        ...
        "extra": {
            "rawValue": "xiaojianbang",
            "raw": "'xiaojianbang'"
        },
        "value": "xiaojianbang"
    }
}
```

type 为 ObjectProperty,表示该节点为对象属性。JS 中的对象是由一系列的键值对(key-value)组成的。由解析后的结果可知,key 是一个 Identifier(标识符),名字是 name。注意,对象的 key 也可以用字符串表示,这时 key 的节点类型就会变为 StringLiteral(字符串字面量)。value 节点的类型为 StringLiteral,具体的值是 xiaojianbang,但在该节点中,看到了三个 xiaojianbang。extra 节点是可以删掉的,如果是十六进制字符串、unicode 字符串或者 hex 形式的数值,这三个值就会不一样。接着继续查看第二个属性,如下所示:

```
{
    "type": "ObjectProperty",
    ...
    "method": false,
    "key": {
        "type": "Identifier",
        ...
        "name": "add"
    },
    "computed": false,
    "shorthand": false,
    "value": { ... }
}
```

这一层显示的这些属性，前面已经介绍过了，不再赘述。关键点是 value 节点，因为在原始代码中把一个函数表达式赋值给了对象的属性。查看解析后的函数：

```
{
    "type": "FunctionExpression",
    ...
    "id": null,
    "generator": false,
    "async": false,
    "params": [{
            "type": "Identifier",
            ...
            "name": "a"
        }, {
            "type": "Identifier",
            ...
            "name": "b"
        }
    ],
    "body": {
        "type": "BlockStatement",
        ...
        "body": [{ ... }
        ],
        "directives": []
    }
}
```

type 为 FunctionExpression（函数表达式）。函数名对应上述结构中的 id 节点，由于代码把一个匿名函数赋值给了 obj 的 add 属性，所以这里的 id 为 null。函数参数对应上述结构中的 params 节点，由于参数是可以有多个的，所以 params 是一个数组。注意，如果没有参数，params 值是一个空数组，而不是 null。函数体对应上述结构中的 body 节点。注意，这个 body 节点并非数组。一般函数体都会用 BlockStatement 节点包裹，BlockStatement 里的 body 节点是多条语句，所以这个 body 节点是一个数组。如果函数有 'use strict' 标记，那么 directives 里面就会有相应的节点。

接着查看一下函数体中具体的语句。BlockStatement 里 body 节点的内容为：

```
[{
    "type": "ReturnStatement",
    ...
    "argument": {
        "type": "BinaryExpression",
        ...
        "left": {...},
        "operator": "+",
        "right": {
            "type": "NumericLiteral",
            ...
            "extra": {
                "rawValue": 1000,
                "raw": "1000"
            }
            "value": 1000
        }
    }
}]
```

在原始代码中，这个函数内只有一条 return 语句，对应这里的 ReturnStatement（返回语句）。argument 是 return 语句返回的内容。假如 return 语句没有返回内容，那么 argument 节点值为 null。在原始代码中，return 返回的是 a+b+1000，AST 解析成了 BinaryExpression（二项式）。JS 中的二元运算符都可以解析成 BinaryExpression。二项式主要分为三部分：left、operator 和 right。可以看出把 a+b 作为 left，1000 作为 right。对于 right 节点，type 为 NumericLiteral（数值字面量），value 为 1000。对于 left 节点，依然是一个二项式，代码如下：

```
{
    "type": "BinaryExpression",
    ...
    "left": {
        "type": "Identifier",
        ...
        "name": "a"
    },
    "operator": "+",
    "right": {
        "type": "Identifier",
        ...
        "name": "b"
    }
}
```

这里的二项式和之前的二项式相似。在原始代码中 obj 的第三个属性基本上与第二属性解析后的结果一致,这里不再赘述。

8.1.2 代码的基本结构

把原始代码保存成一个名为 demo.js 的文件,注意,需要保存成 utf-8 编码的格式。另外新建一个文件,用来解析 demo.js。AST 解析转换代码的基本结构如下所示:

```
const fs = require('fs');
const parser = require("@babel/parser");
const traverse = require("@babel/traverse").default;
const t = require("@babel/types");
const generator = require("@babel/generator").default;

const jscode = fs.readFileSync("./demo.js", {
    encoding: "utf-8"
});
let ast = parser.parse(jscode);

//在这里对 AST 进行一系列的操作

let code = generator(ast).code;
fs.writeFile('./demoNew.js', code, (err) =>{});
```

fs 用来读写本地文件,通过 require 函数加载后赋值给 fs。@babel/parser 用来将 JS 代码转换成 AST,通过 require 函数加载后赋值给 parser。@babel/traverse 用来遍历 AST 中的节点,通过 require 函数加载后把其中的 default 赋值给 traverse。@babel/types 用来判断节点类型、生成新的节点等,通过 require 函数加载后赋值给 t。@babel/generator 用来把 AST 转换成 JS 代码,通过 require 函数加载后把其中的 default 赋值给 generator。

可以看出,AST 处理 JS 文件的基本步骤为:首先读取 JS 文件,解析成 AST,再对节点进行一系列的增、删、改、查操作,接着生成 JS 代码,最后保存到新文件中。后续内容中,如果没有特别说明,都以这个结构为准,代码只展示中间对 AST 有操作的部分。

8.2 Babel 中的组件

在 8.1.2 节的代码中,用到了 Babel 中的一些组件。这些组件各有不同的功能,本节介绍这部分内容。

视频讲解

8.2.1 parser 与 generator

这两个组件的作用是相反的。parser 组件用来将 JS 代码转换成 AST,generator 用来将 AST 转换成 JS 代码。

使用 let ast = parser.parse(jscode);即可完成 JS 代码转换到 AST 的过程。这时输出 ast,就会跟网页中解析出一样的结构。输出前先使用 JSON.stringify 把对象转为 json,

数据,如 console.log(JSON.stringify(ast, null, 2))。另外,parser 的 parse 方法是有第二个参数的。

```
let ast = parser.parse(jscode,{
    sourceType: "module",
});
```

sourceType 默认为 script。当解析的 JS 代码中,含有'import'、'export'等关键字时,需要指定 sourceType 为 module,不然会有如下报错:

```
SyntaxError: 'import' and 'export' may appear only with 'sourceType: "module"' (1:0)
```

使用 let code = generator(ast).code; 可以把 AST 转换为 JS 代码。generator 返回的是一个对象,其中的 code 属性才是需要的代码。同时,generator 的第二个参数接收一个对象,可以设置一些选项来影响输出的结果。完整的选项介绍可在 Babel 官方文档 https://babeljs.io/docs/en/babel-generator 中查看,本节只介绍其中的一部分。

```
let code = generator(ast, {
    retainLines: false,
    comments: false,
    compact: true
}).code;
console.log(code);
```

retainLines 表示是否使用与源代码相同的行号,默认为 false,输出的是格式化后的代码。comments 表示是否保留注释,默认为 true。compact 表示是否压缩代码,与其相同作用的选项还有 minified 和 concise,只不过压缩的程度不一样,minified 压缩得最多,concise 压缩得最少。多个选项之间可以配合使用。

8.2.2 traverse 与 visitor

traverse 组件用来遍历 AST,简单说就是把 AST 上的各个节点都运行一遍,但单纯把节点都运行一遍是没有意义的,所以 traverse 需要配合 visitor 使用。

visitor 是一个对象,它可以定义一些方法,用来过滤节点。接下来用一个实际案例来讲解 traverse 和 visitor 的效果,代码如下:

```
let visitor = {};
visitor.FunctionExpression = function(path){
    console.log("xiaojianbang");
};
traverse(ast, visitor);
/*输出
    xiaojianbang
    xiaojianbang
*/
```

首先声明对象，对象的名字可随意定义，再给对象增加一个名为 FunctionExpression 的方法，它的名字是需要遍历的节点类型，需要注意大小写。traverse 会遍历所有的节点，当节点类型为 FunctionExpression 时，调用 visitor 中相应的方法。如果想要处理其他节点类型，例如 Identifier，可以在 visitor 中继续定义方法，以 Identifier 命名即可。visitor 中的方法接收一个参数，traverse 在遍历时，会把当前节点的 Path 对象传给它，传过来的是 Path 对象而非节点（Node）。最后把 visitor 作为第二个参数传到 traverse 里，传给 traverse 的第一个参数是整个 ast。这段代码的意思是，从头开始遍历 ast 中的所有节点，过滤出 FunctionExpression 节点，执行相应的方法。在原始代码中，有两个 FunctionExpression 节点，因此，会输出两次 xiaojianbang。

定义 visitor 的方式有以下三种，最常用的是 visitor2 这种形式。

```
const visitor1 = {
    FunctionExpression: function(path){
        console.log("xiaojianbang");
    }
};
const visitor2 = {
    FunctionExpression(path){
        console.log("xiaojianbang");
    }
};
const visitor3 = {
    FunctionExpression:{
        enter(path){
            console.log("xiaojianbang");
        }
    }
};
```

在 visitor3 中，存在一个 enter。在遍历节点的过程中，有两次机会来访问一个节点，即进入节点时（enter）与退出节点时（exit）。以原始代码中的 add 函数为例，节点的遍历过程可描述如下：

```
进入 FunctionExpression
    进入 Identifier (params[0]) 走到尽头
    退出 Identifier (params[0])
    进入 Identifier (params[1]) 走到尽头
    退出 Identifier (params[1])
    进入 BlockStatement (body)
        进入 ReturnStatement (body)
            进入 BinaryExpression (argument)
                进入 BinaryExpression (left)
                    进入 Identifier (left) 走到尽头
                    退出 Identifier (left)
                    进入 Identifier (right) 走到尽头
                    退出 Identifier (right)
                退出 BinaryExpression (left)
```

```
                        进入 NumericLiteral(right)走到尽头
                        退出 NumericLiteral(right)
                    退出 BinaryExpression (argument)
                退出 ReturnStatement (body)
            退出 BlockStatement (body)
        退出 FunctionExpression
```

正确选择节点处理时机,有助于提高代码效率。可以看出 traverse 是一个深度优先的遍历过程。因此,如果存在父子节点,那么 enter 的处理时机是先处理父节点,再处理子节点。而 exit 的处理时机是先处理子节点,再处理父节点。traverse 默认是在 enter 时处理,如果要在 exit 时处理,必须在 visitor 中写明。

```
const visitor3 = {
    FunctionExpression: {
        enter(path) {
            console.log("xiaojianbang enter");
        },
        exit(path) {
            console.log("xiaojianbang exit");
        }
    }
};
traverse(ast, visitor3);
/* 因为有两个函数,所以输出两次
    xiaojianbang enter
    xiaojianbang exit
    xiaojianbang enter
    xiaojianbang exit
*/
```

还可以把方法名用"|"连接成 FunctionExpression|BinaryExpression 形式的字符串,把同一个函数应用到多个节点,例如:

```
const visitor = {
    "FunctionExpression|BinaryExpression"(path){
        console.log("xiaojianbang");
    }
};
traverse(ast, visitor);
```

也可以把多个函数应用于同一个节点。原先是把一个函数赋值给 enter 或者 exit,现在改为函数的数组,会按顺序依次执行。示例代码如下:

```
function func1(path){
    console.log('func1');
}
function func2(path){
```

```
        console.log('func2');
    }
    const visitor = {
        FunctionExpression:{
            enter: [func1, func2]
        }
    };
    traverse(ast, visitor);
```

traverse 并非必须从头遍历，它可在任意节点向下遍历。例如，想要把代码中所有函数的第一个参数改为 x，代码如下：

```
const updateParamNameVisitor = {
    Identifier(path) {
        if (path.node.name === this.paramName) {
            path.node.name = "x";
        }
    }
};
const visitor = {
    FunctionExpression(path) {
        const paramName = path.node.params[0].name;
        path.traverse(updateParamNameVisitor, {
            paramName
        });
    }
};
traverse(ast, visitor);
```

这段代码先用 traverse 根据 visitor 去遍历所有节点。当得到 FunctionExpression 节点时，用 path.traverse 根据 updateParamNameVisitor 去遍历当前节点下的所有子节点，然后修改与函数第一个参数相同的标识符。在使用 path.traverse 时，还可以额外传入一个对象，在对应的 visitor 中用 this 去引用它。其中 path.node 才是当前节点，所以 path.node.params[0].name 可以取出函数的第一个参数名。

8.2.3　types 组件

该组件主要用来判断节点类型、生成新的节点等。判断节点类型的方法很简单，例如，t.isIdentifier(path.node)，它等同于 path.node.type==="Identifier"。还可以在判断类型的同时附加条件，示例如下：

```
traverse(ast, {
    enter(path){
        if (
            path.node.type === "Identifier" &&
```

```
            path.node.name === "n"
        ){
            path.node.name = "x";
        }
    }
});
```

上述代码用来把标识符 n 改为 x，这是官方手册中的案例，但在实际修改中还需要考虑标识符的作用域。在这个案例中，visitor 没有做任何过滤，遍历到任何一个节点都调用 enter 函数，所以要判断类型为 Identifier 且 name 的值为 n，才修改为 x。这个案例可以等同地写为：

```
traverse(ast, {
    enter(path){
        if (
            t.isIdentifier(path.node, {name: 'n'})
        ){
            path.node.name = "x";
        }
    }
});
```

如果要判断其他类型，只需要更改 is 后面的类型。这些方法还可以归纳为：当节点不符合要求，会抛出异常而不是返回 true 或 false：

```
t.assertBinaryExpression(maybeBinaryExpressionNode);
t.assertBinaryExpression(maybeBinaryExpressionNode, { operator: "*" });
```

可以看出，types 组件中用于判断节点类型的函数是可以自己实现的，且过程也较为容易。因此，types 组件最主要的功能是可以方便地生成新的节点。接下来尝试用 types 组件来生成原始代码。注意，Babel 中的 API 有很多，不可能全部记住 API 的用法，一定要学会查看代码提示。

在原始代码中，最开始是一个变量声明语句，类型为 VariableDeclaration。因此，可以用 t.variableDeclaration 去生成它。在 vscode 中输入"t.variableDeclaration"，然后将鼠标指针悬停在 variableDeclaration 上，就会出现代码提示。也可以按 Ctrl 键，同时单击 variableDeclaration，跳转到一个以 ts 为后缀的文件中，有如下一段代码：

```
export function variableDeclaration(kind: "var" | "let" | "const", declarations: Array<VariableDeclarator>): VariableDeclaration;
```

这段代码最后一个冒号后表示这个函数的返回值类型。括号里面的冒号前，是 VariableDeclaration 节点的属性。括号里面的冒号后，表示该参数允许传的类型。Array 表示这个参数是一个数组。因此，变量声明语句的生成代码可以写为：

```
let loaclAst = t.variableDeclaration('let', [varDec]);
let code = generator(loaclAst).code;
console.log(code);
```

要生成上述代码中的 varDec，需要先生成一个 VariableDeclarator 节点，表示变量声明的具体的值，在 ts 文件中的定义如下：

```
export function variableDeclarator(id: LVal, init?: Expression | null): VariableDeclarator;
```

VariableDeclarator 是该函数的返回值，id 和 init 是 VariableDeclarator 节点的属性。init 后面的问号，代表该参数可省略。根据 8.1.1 节的分析，这里的 id 是 Identifier 类型。生成 Identifier 的方法很简单，在 ts 文件中的定义如下：

```
export function identifier(name: any): Identifier;
```

在原始代码中对 obj 进行了初始化。所以这里的 init 是需要传值的。那么，生成 varDec 的代码可以写为：

```
let varDec = t.variableDeclarator(t.identifier('obj'), objExpr);
```

接着要生成 objExpr。这里需要一个 ObjectExpression，在 ts 文件中的定义如下：

```
export function objectExpression(properties: Array<ObjectMethod | ObjectProperty | SpreadElement>): ObjectExpression;
```

对象的属性可以有多个，所以需要数组。因此，生成 objExpr 的代码可以写为：

```
let objExpr = t.objectExpression([objProp1, objProp2, objProp3]);
```

在上述代码中，objProp1、objProp2 和 objProp3 都没有进行赋值。这里，还有一个新类型 ObjectProperty，在 ts 文件中的定义如下：

```
export function objectProperty(key: any, value: Expression | PatternLike, computed?: boolean, shorthand?: any, decorators?: Array<Decorator> | null): ObjectProperty;
```

key 的值在原始代码中为 name，它是一个 Identifier。后面三个参数都是可选的，这里都选择不传入。其中，节点属性 computed 将在后续内容中介绍。value 表示对象属性的具体的值。在原始代码中，第 1 个属性的值是一个字符串字面量，用 StringLiteral 表示。第 2 个和第 3 个属性的值都为函数表达式，用 FunctionExpression 表示。StringLiteral 在 ts 文件中的定义如下：

```
export function stringLiteral(value: string): StringLiteral;
```

因此，生成 obj 三个属性的代码为：

```
let objProp1 = t.objectProperty(t.identifier('name'), t.stringLiteral('xiaojianbang'));
let objProp2 = t.objectProperty(t.identifier('add'), funcExpr2);
let objProp3 = t.objectProperty(t.identifier('mul'), funcExpr3);
```

上述代码中，funcExpr2 和 funcExpr3 还没有进行赋值。接着介绍 FunctionExpression 在 ts 文件中的定义，id 表示函数名，params 表示参数列表，body 用 BlockStatement 包裹所有语句，其余参数可选，代码如下：

```
export function functionExpression ( id: Identifier | null | undefined, params: Array<
Identifier | Pattern | RestElement | TSParameterProperty>, body: BlockStatement, generator?:
boolean, async?: boolean): FunctionExpression;

export function blockStatement(body: Array<Statement>, directives?: Array<Directive>):
BlockStatement;
```

在原始代码中都是由匿名函数直接赋值给 obj 的属性。因此，这里 id 为 null，params 列表用 t.identifier 生成，BlockStatement 节点用 t.blockStatement 生成，代码如下：

```
let a = t.identifier('a');
let b = t.identifier('b');
let bloSta2 = t.blockStatement([retSta2]);
let bloSta3 = t.blockStatement([retSta3]);
let funcExpr2 = t.functionExpression(null, [a, b], bloSta2);
let funcExpr3 = t.functionExpression(null, [a, b], bloSta3);
```

上述代码中，retSta2 和 retSta3 还需要另外生成。特别说明的是，如果要生成一个空函数，即函数体为空，则 blockStatement 的参数给空数组，而不是 null。原始代码中，两个函数内都含有返回语句、二项式和数值字面量。在 AST 中可以分别使用 ReturnStatement、BinaryExpression 和 NumericLiteral 来表示。它们在 ts 文件中的定义为：

```
export function returnStatement(argument?: Expression | null): ReturnStatement;

export function binaryExpression(operator: "+" | "-" | "/" | "%" | "*" | "**" | "&" | "|"
| ">>" | ">>>" | "<<" | "^" | "==" | "===" | "!=" | "!==" | "in" | "instanceof" | ">" | "<"
| ">=" | "<=", left: Expression, right: Expression): BinaryExpression;

export function numericLiteral(value: number): NumericLiteral;
```

接下来，把代码中剩余的部分生成完毕：

```
let a = t.identifier('a');
let b = t.identifier('b');
let binExpr2 = t.binaryExpression("+", a, b);
let binExpr3 = t.binaryExpression("*", a, b);
let retSta2 = t.returnStatement(t.binaryExpression("+", binExpr2, t.numericLiteral
(1000)));
```

```
let retSta3 = t.returnStatement(t.binaryExpression(" + ", binExpr3, t.numericLiteral
(1000)));
let bloSta2 = t.blockStatement([retSta2]);
let bloSta3 = t.blockStatement([retSta3]);
```

完整的代码，以及执行之后的结果如下所示：

```
let a = t.identifier('a');
let b = t.identifier('b');
let binExpr2 = t.binaryExpression(" + ", a, b);
let binExpr3 = t.binaryExpression(" * ", a, b);
let retSta2 = t.returnStatement(t.binaryExpression(" + ", binExpr2, t.numericLiteral
(1000)));
let retSta3 = t.returnStatement(t.binaryExpression(" + ", binExpr3, t.numericLiteral
(1000)));
let bloSta2 = t.blockStatement([retSta2]);
let bloSta3 = t.blockStatement([retSta3]);
let funcExpr2 = t.functionExpression(null, [a, b], bloSta2);
let funcExpr3 = t.functionExpression(null, [a, b], bloSta3);
let objProp1 = t.objectProperty(t.identifier('name'), t.stringLiteral('xiaojianbang'));
let objProp2 = t.objectProperty(t.identifier('add'), funcExpr2);
let objProp3 = t.objectProperty(t.identifier('mul'), funcExpr3);
let objExpr = t.objectExpression([objProp1, objProp2, objProp3]);
let varDec = t.variableDeclarator(t.identifier('obj'), objExpr);
let loaclAst = t.variableDeclaration('let', [varDec]);
let code = generator(loaclAst).code;
console.log(code);
/* 输出结果
    let obj = {
        name: "xiaojianbang",
        add: function (a, b) {
            return a + b + 1000;
        },
        mul: function (a, b) {
            return a * b + 1000;
        }
    };
*/
```

在JS代码处理转换过程中，生成的新节点一般会添加或替换到已有的节点中。在8.3.2节中会有详细介绍。

上述案例中，用到了StringLiteral和NumericLiteral，同时在Babel中还定义了一些其他的字面量。

```
export function nullLiteral(): NullLiteral;
export function booleanLiteral(value: boolean): BooleanLiteral;
export function regExpLiteral(pattern: string, flags?: any): RegExpLiteral;
```

因此，不同的字面量需要调用不同的方法生成。当生成比较多的字面量时，难度会不断上升。其实在 Babel 中还提供了 valueToNode，如下所示：

```
export function valueToNode(value: undefined): Identifier
export function valueToNode(value: boolean): BooleanLiteral
export function valueToNode(value: null): NullLiteral
export function valueToNode(value: string): StringLiteral
export function valueToNode ( value: number ): NumericLiteral | BinaryExpression | UnaryExpression
export function valueToNode(value: RegExp): RegExpLiteral
export function valueToNode(value: ReadonlyArray<undefined | boolean | null | string | number | RegExp | object>): ArrayExpression
export function valueToNode(value: object): ObjectExpression
export function valueToNode(value: undefined | boolean | null | string | number | RegExp | object): Expression
```

由此可以看出，valueToNode 可以很方便地生成各种类型。除了原始类型 undefined、null、string、number 和 boolean，还可以是对象类型 RegExp、ReadonlyArray 和 object，示例代码如下：

```
let loaclAst = t.valueToNode([1, "2", false, null, undefined, /\w\s/g, {x: '1000', y: 2000}]);
let code = generator(loaclAst).code;
console.log(code);
/*输出结果
    [1, "2", false, null, undefined, /\w\s/g, {
        x: "1000",
     y: 2000
    }]
*/
```

结合 ts 文件中的定义和 AST 解析后的 json 数据，可以迅速掌握这些 API 的使用方法。

前面的介绍中提到了 Babel 解析后的 AST，其实它是一段 json 数据。因此，也可以按照 AST 的结构来构造一段 json 数据，以此生成想要的代码，但比使用 types 组件麻烦。

```
let obj = {};
obj.type = 'BinaryExpression';
obj.left = {type: 'NumericLiteral', value: 1000};
obj.operator = '/';
obj.right = {type: 'NumericLiteral', value: 2000};
let code = generator(obj).code;
console.log(code);
//输出 1000 / 2000
```

8.3 Path 对象详解

8.3.1 Path 与 Node 的区别

下面以一个案例来清楚地说明问题。其中 path.stop 用来停止遍历节点，Babel 中的 path.skip 效果与之类似。这段代码的意思是，当在函数表达式中遍历到一个 Identifier 节点时，就输出 path，然后停止遍历。根据 traverse 遍历规则，遍历到的这个 Identifier 节点肯定是 params[0]。示例代码如下：

视频讲解

```
const updateParamNameVisitor = {
    Identifier(path) {
        if (path.node.name === this.paramName) {
            path.node.name = "x";
        }
        console.log(path);
        path.stop();
    }
};
const visitor = {
    FunctionExpression(path) {
        const paramName = path.node.params[0].name;
        path.traverse(updateParamNameVisitor, {
            paramName
        });
    }
};
traverse(ast, visitor);
/*
    NodePath {
        parent: Node {...}
        hub: undefined,
        contexts: [...]
        data: null,
        _traverseFlags: 0,
        state: {...}
        opts: {...}
        skipKeys: null,
        parentPath: NodePath {...}
        context: TraversalContext {...}
        container: [...]
        listKey: 'params',
        key: 0,
        node: Node {
            type: 'Identifier',
            ...
            name: 'a'
```

```
            },
            scope: Scope {...}
            type: 'Identifier'
        }
*/
```

path.node 能取出 Identifier 所在的 Node 对象,该对象与 AST Explorer 网页中解析出来的 AST 节点结构一致。简单来说,节点是生成 JS 代码的"原料",是 Path 中的一部分。Path 是一个对象,用来描述两个节点之间的连接。Path 除了具有上述显示的这些属性以外,还包含添加、更新、移动和删除节点等很多有关的方法。

8.3.2 Path 中的方法

理清了 Path 与 Node 的关系后,再来学习 Path 中的方法。

1. 获取子节点/Path

为了得到 AST 节点的属性值,一般会先访问到该节点,然后利用 path.node.property 方法获取属性,如下所示:

```
const visitor = {
    BinaryExpression(path) {
        console.log(path.node.left);
        console.log(path.node.right);
        console.log(path.node.operator);
    }
};
traverse(ast, visitor);
/*
    Node {type: 'BinaryExpression', ..., left: Node}
    Node {type: 'NumericLiteral', ..., extra: { ... }}
    +
    Node {type: 'Identifier', ..., name: 'a'}
    Node {type: 'Identifier', ..., name: 'b'}
    +
*/
```

通过这个方法获取到的是 Node 或者具体的属性值,Node 不能使用 Path 相关的方法。如果想要获取到该属性的 Path,就需要使用 Path 对象的 get,传递的参数为 key(即该属性名的字符串形式)。如果是多级访问,那么以点连接多个 key,例如:

```
const visitor = {
    BinaryExpression(path) {
        console.log(path.get('left.name'));
        console.log(path.get('right'));
        console.log(path.get('operator'));
```

```
        }
    };
};
traverse(ast, visitor);
/* 会输出 n 个 NodePath
    NodePath {parent: Node, hub: undefined, contexts: Array(0), data: null, _traverseFlags: 0}
*/
```

可以看到，任何形式的属性值，通过 Path 对象的 get 去获取，都会包装成 Path 对象再返回。不过，像 operator、name 这一类的属性值，没有必要包装成 Path 对象。

2. 判断 Path 类型

回顾 8.3.1 节中输出的 Path 对象，会发现最后有一个 type 属性，它与 Node 中的 type 基本一致。Path 对象提供相应的方法来判断自身类型，使用方法与 types 组件差不多，只不过 types 组件判断的是 Node。解析下原始代码中的第一个函数中的二项式，left 是 a+b，right 是 1000。因此，下面的代码执行以后依次输出 false、true 和报错，如下所示：

```
const visitor = {
    BinaryExpression(path) {
        console.log(path.get('left').isIdentifier());
        console.log(path.get('right').isNumericLiteral({
            value: 1000
        }));
        path.get('left').assertIdentifier();
    }
};
traverse(ast, visitor);
/*输出
    false
    true
    报错
*/
```

3. 节点转代码

当代码比较复杂时，就要用动态调试。在 vscode 中调试，只需要单击行号，设置断点即可。启动调试后，代码运行到断点处会停止运行。这里的调试与调试普通 JS 文件无异，还可以适时地插入 console 来排查错误，也可以基于当前节点生成代码来排查错误。即很多时候需要在执行过程中把部分节点转为代码，而不是在最后才把整个 AST 转成代码。generator 组件也可以把 AST 中的一部分节点转成代码，这对节点遍历过程中的调试很有帮助。示例代码如下：

```
const visitor = {
    FunctionExpression(path) {
        console.log(generator(path.node).code);
        //console.log( path.toString() );
```

```
            //console.log( path + '');
        }
    };
    traverse(ast, visitor);
    /*
        function (a, b) {
            return a + b + 1000;
        }
        function (a, b) {
            return a * b + 1000;
        }
    */
```

Path 对象复写了 Object 的 toString。在 Path 对象的 toString 中，调用了 generator 组件把节点转为代码。因此，可以用 path.toString 把节点转为字符串，也可以用 path + '' 来隐式转成字符串。

4. 替换节点属性

替换节点属性与获取节点属性方法相同，只是改为赋值。但也并非随意替换，需要注意的是，替换的类型要在允许的类型范围内。因此需要熟悉 AST 的结构，如下所示：

```
const visitor = {
    BinaryExpression(path) {
        path.node.left = t.identifier("x");
        path.node.right = t.identifier("y");
    }
};
traverse(ast, visitor);
/*
    let obj = {
        name: 'xiaojianbang',
        add: function (a, b) {
            return x + y;
        },
        mul: function (a, b) {
            return x + y;
        }
    };
*/
```

5. 替换整个节点

Path 对象中与替换相关的方法有 replaceWith、replaceWithMultiple、replaceInline 和 replaceWithSourceString。

replaceWith 是用一个节点替换另一个节点，并且是严格的一换一。示例代码如下：

```
const visitor = {
    BinaryExpression(path) {
```

```
            path.replaceWith(t.valueToNode('xiaojianbang'));
        }
    };
    traverse(ast, visitor);
    /*
        let obj = {
            name: 'xiaojianbang',
            add: function (a, b) {
                return "xiaojianbang";
            },
            mul: function (a, b) {
                return "xiaojianbang";
            }
        };
    */
```

replaceWithMultiple 也是用节点换节点，不过是多换一。示例代码如下：

```
    const visitor = {
        ReturnStatement(path) {
            path.replaceWithMultiple([
                    t.expressionStatement(t.stringLiteral("xiaojianbang")),
                    t.expressionStatement(t.numericLiteral(1000)),
                    t.returnStatement(),
                ]);
            path.stop();
        }
    };
    traverse(ast, visitor);
    /*
        let obj = {
            name: 'xiaojianbang',
            add: function (a, b) {
                "xiaojianbang";
                1000;
                return;
            },
            mul: function (a, b) {
                "xiaojianbang";
                1000;
                return;
            }
        };
    */
```

上述代码中有两处要特别说明：当表达式语句单独在一行时（没有赋值），最好用 expressionStatement 包裹；替换后的节点，traverse 也是能遍历到的，因此替换时要极其小心，否则容易造成不合理的递归调用。例如上述代码，把 return 语句进行替换，但是替换的语句里又有 return 语句，就会陷入死循环。解决方法是加入 path.stop，替换完成之后，立刻停止遍历当前节点和后续的子节点。

replaceInline 接收一个参数。如果参数不为数组，那么 replaceInline 等同于 replaceWith；如果参数是一个数组，那么 replaceInline 等同于 replaceWithMultiple，其中的数组成员必须都是节点。示例代码如下：

```
const visitor = {
    StringLiteral(path) {
        path.replaceInline(
            t.stringLiteral('Hello AST!'));
        path.stop();
    },
    ReturnStatement(path) {
        path.replaceInline([
                t.expressionStatement(t.stringLiteral("xiaojianbang")),
                t.expressionStatement(t.numericLiteral(1000)),
                t.returnStatement(),
            ]);
        path.stop();
    }
};
traverse(ast, visitor);
/*
    let obj = {
        name: "Hello AST!",
        add: function (a, b) {
            "xiaojianbang";
            1000;
            return;
        },
        mul: function (a, b) {
            "xiaojianbang";
            1000;
            return;
        }
    };
*/
```

上述代码中，visitor 中的函数也要加入 path.stop，原因和之前介绍的等同。

最后看 replaceWithSourceString 的用法，该方法用字符串源码替换节点，如把原始代码中的函数改为闭包形式，示例代码如下：

```
traverse(ast, {
    ReturnStatement(path) {
        let argumentPath = path.get('argument');
        argumentPath.replaceWithSourceString(
            'function(){return ' + argumentPath + '}()'
        );
        path.stop();
```

```
        }
    });
    /*
        let obj = {
            name: 'xiaojianbang',
            add: function (a, b) {
                return function () {
                    return a + b + 1000;
                }();
            },
            mul: function (a, b) {
                return function () {
                    return a * b + 1000;
                }();
            }
        };
    */
```

首先遍历 ReturnStatement，然后通过 Path 的 get 获取子 Path，才能调用 Path 的相关方法去操作 argument 节点。同时，replaceWithSourceString 替换后的节点也会被解析，也就是说会被 traverse 遍历到。因为里面也有 return 语句，所以需要加上 path.stop。上述代码中还用节点转代码，只不过是隐式转换。

凡是需要修改节点的操作，都推荐使用 Path 对象的方法。当调用一个修改节点的方法后，Babel 会更新 Path 对象。

6. 删除节点

示例代码如下：

```
traverse(ast, {
    EmptyStatement(path){
        path.remove();
    }
});
```

EmptyStatement 指的是空语句，就是多余的分号。使用 path.remove 删除当前节点。

7. 插入节点

想要把节点插入到兄弟节点中，可以使用 insertBefore 和 insertAfter 分别在当前节点的前后插入节点。代码如下：

```
traverse(ast, {
    ReturnStatement(path) {
        path.insertBefore(t.expressionStatement(t.stringLiteral("Before")));
        path.insertAfter(t.expressionStatement(t.stringLiteral("After")));
    }
});
/*
```

```
let obj = {
    name: 'xiaojianbang',
    add: function (a, b) {
        "Before";
        return a + b + 1000;
        "After";
    },
    mul: function (a, b) {
        "Before";
        return a * b + 1000;
        "After";
    }
};
*/
```

在上述代码中，如果只想操作某一个函数中的ReturnStatement，可以在visitor的函数中进行判断，不符合要求的直接return即可。需要注意，使用path.stop是不可行的。

8.3.3 父级Path

视频讲解

回顾8.3.2节中输出的Path对象，可以看到有parentPath和parent两个属性。其中parentPath类型为NodePath，所以它是父级Path。parent类型为Node，所以它是父节点。只要获取到父级Path，就可以调用Path对象的各种方法去操作父节点。父级Path的获取可以使用path.parentPath。path.parentPath.node等同于path.parent，也就是说parent是parentPath中的一部分。

1. path.findParent

个别情况下，需要从一个路径向上遍历语法树，直到满足相应的条件。这时可以使用Path对象的findParent，示例如下：

```
traverse(ast, {
    ReturnStatement(path) {
        console.log(path.findParent((p) => p.isObjectExpression()));
        //path.findParent(function(p){return p.isObjectExpression()});
    }
});
```

Path对象的findParent接收一个回调函数，在向上遍历每一个父级Path时，会调用该回调函数，并传入对应的父级Path对象作为参数。当该回调函数返回真值时，则将对应的父级Path返回。上述代码会遍历ReturnStatement，然后向上找父级Path，当找到Path对象类型为ObjectExpression的情况时，就返回该Path对象。

2. path.find

这个方法使用场景较少，使用方法与findParent一致，只不过find方法查找的范围包含当前节点，而findParent不包含。

```
traverse(ast, {
    ObjectExpression(path){
        console.log( path.find((p) => p.isObjectExpression()) );
    }
});
```

3. path.getFunctionParent

向上查找与当前节点最接近的父函数path.getFunctionParent,返回的也是Path对象。

4. path.getStatementParent

向上遍历语法树直到找到语句父节点。例如,声明语句、return语句、if语句、witch语句和while语句等,返回的也是Path对象。该方法从当前节点开始找,如果想要找到return语句的父语句,就需要从parentPath中去调用,代码如下:

```
traverse(ast, {
    ReturnStatement(path){
        console.log( path.parentPath.getStatementParent() );
    }
});
```

5. 父级Path的其他方法

其他方法的使用与之前介绍的类似,如替换父节点path.parentPath.replaceWith(Node)和删除父节点path.parentPath.remove等。

8.3.4 同级Path

视频讲解

在介绍同级Path之前,需要先介绍下容器(container)。先来看以下这个例子:

```
traverse(ast, {
    ReturnStatement(path){
        console.log(path);
    }
});
/*
NodePath {
    parent: Node {...},
    ...
    parentPath: NodePath {...},
    ...
    container: [
        Node {
            type: 'ReturnStatement',
            ...
            argument: [Node]
        }
```

```
        ],
        listKey: 'body',
        key: 0,
        node: Node {...},
        scope: Scope {...},
        type: 'ReturnStatement'
    }
*/
```

上述代码遍历 ReturnStatement 节点，并直接输出 Path 对象。之前介绍的 AST 结构，ReturnStatement 是放在 BlockStatement 的 body 节点中的，并且该 body 节点是一个数组。输出的 Path 对象中的几个关键属性里，container 就是容器，在这个例子中它是一个数组，里面只有一个 ReturnStatement 节点，与原始代码吻合。listKey 是容器名，ReturnStatement 是放在 BlockStatement 的 body 节点中的，因此把 body 节点当作容器。

接下来介绍 key。在上述代码输出的 Path 对象中，可以看到有一个 key 属性，这个 key 就是之前介绍的 path.get 方法的参数。实际上它就是容器对象的属性名，或者说是容器数组的索引。这里的容器是一个数组，key 代表当前节点在容器中的位置。

并非只有 body 节点才是容器。再来看以下这个例子：

```
traverse(ast, {
    ObjectProperty(path){
        console.log(path);
    }
});
/*
    NodePath {
        parent: Node {...},
        ...
        parentPath: NodePath {...},
        ...
        container: [
            Node {
                type: 'ObjectProperty',
                ...
                method: false,
                key: [Node],
                computed: false,
                shorthand: false,
                value: [Node]
            },
            Node {...},
            Node {...}
        ],
        listKey:'properties',
        key: 0,
        node: Node {...},
        scope: Scope {...},
```

```
        type: 'ObjectProperty'
    }
*/
```

上述代码遍历 ObjectProperty 节点，然后直接输出 Path 对象。ObjectProperty 是在 ObjectExpression 的 properties 属性中的。查看 Path 对象中的几个关键属性，container 是容器，listKey 是容器名。在原始代码中，有三个 ObjectProperty，对应容器中的三个 Node 对象。key 为 0，表示当前节点是容器中索引为 0 的成员，也就是说容器中的节点互为兄弟（同级）节点。

container 并非一直都是数组，例如以下这个例子：

```
traverse(ast, {
    ObjectExpression(path){
        console.log(path);
    }
});
/*
    NodePath {
        parent: Node {...},
        ...
        parentPath: NodePath {...},
        ...
        container: Node{
            type: 'VariableDeclarator',
            ...
            id: Node {
                type: 'Identifier',
                ...
                name: 'obj'
            },
            init: Node {
                type: 'ObjectExpression',
                ...
                properties: [Array],
                extra: [Object]
            }
        },
        listKey: undefined,
        key: 'init',
        node: Node {...},
        scope: Scope {...},
        type: 'ObjectExpression'
    }
*/
```

在上述代码中，container 是一个 Node 对象，listKey 为 undefined，其实可以说它没有容器，也就是没有兄弟（同级）节点。在原始代码解析后的 AST 结构中，ObjectExpression

是 VariableDeclarator 的初始化值（init 节点）。此时 key 不是数组下标，而是对象的属性名。

了解容器之后，接着介绍同级 Path 相关的属性和方法。一般 container 为数组时就有同级节点，以下内容只考虑 container 为数组的情况，只有这种情况才有意义。示例代码如下：

```javascript
traverse(ast, {
    ReturnStatement(path){
        console.log( path.inList );          //true
        console.log( path.container );       // [node {type: 'ReturnStatement' ... }]
        console.log( path.listKey );         // body
        console.log( path.key );             // 0
        console.log( path.getSibling(path.key) );
        // node {type: 'ReturnStatement' ... }
    }
});
```

1. path.inList

用于判断是否有同级节点。注意，当 container 为数组，但只有一个成员时，会返回 true。

2. path.key、path.container、path.listKey

使用 path.key 获取当前节点在容器中的索引。使用 path.container 获取容器（包含所有同级节点的数组）。使用 path.listKey 获取容器名。

3. path.getSibling(index)

它用于获取同级 Path，其中参数 index 为容器数组中的索引。index 可以通过 path.key 来获取。可以对 path.key 进行加减操作来定位到不同的同级 Path。

4. unshiftContainer 与 pushContainer

示例代码如下：

```javascript
traverse(ast, {
    ReturnStatement(path) {
        path.parentPath.unshiftContainer('body', [
            t.expressionStatement(t.stringLiteral('Before1')),
            t.expressionStatement(t.stringLiteral('Before2'))]);
        console.log(path.parentPath.pushContainer('body',
            t.expressionStatement(t.stringLiteral('After'))));
    }
});
/*
    let obj = {
        name: 'xiaojianbang',
        add: function (a, b) {
            "Before1";
            "Before2";
```

```
            return a + b + 1000;
            "After";
        },
        mul: function (a, b) {
            "Before1";
            "Before2";
            return a * b + 1000;
            "After";
        }
    };
 */
```

从上述代码中，可以看出 unshiftContainer 往容器最前面加入节点，pushContainer 往容器最后面加入节点。它们在 ts 文件中的定义如下：

```
pushContainer<Nodes extends Node | Node[]>(listKey: ArrayKeys<T>, nodes: Nodes): NodePaths<Nodes>;
unshiftContainer<Nodes extends Node | Node[]>(listKey: ArrayKeys<T>, nodes: Nodes): NodePaths<Nodes>;
```

可以看出，第一个参数给 listKey，第二个参数给 Nodes。Nodes 是 Nodes extends Node | Node[]，因此可以给 Node 或者 Node 的数组，最后函数返回加入的 Nodes 的 Path 对象。

8.4 scope 详解

视频讲解

scope 提供了一些属性和方法，可以方便地查找标识符的作用域，获取并修改标识符的所有引用，以及判断标识符是否为参数或常量。如果不是常量，也可以知道在哪里修改了它。本节以下面的代码为例：

```
const a = 1000;
let b = 2000;
let obj = {
    name: 'xiaojianbang',
    add: function (a) {
        a = 400;
        b = 300;
        let e = 700;
        function demo() {
            let d = 600;
        }
        demo();
        return a + a + b + 1000 + obj.name;
    }
};
obj.add(100);
```

在上述代码中,有一个 add,并且在 add 中又定义了一个 demo。以这种方式定义的 demo,在 AST 中的类型为 FunctionDeclaration。

8.4.1 获取标识符作用域

scope.block 属性可以用来获取标识符作用域,返回 Node 对象。使用方法分为两种情况:变量和函数。以下为标识符为变量的情况,如下所示:

```
traverse(ast, {
    Identifier(path) {
        if (path.node.name == 'e') {
            console.log(generator(path.scope.block).code);
        }
    }
});
/*
   function (a) {
       a = 400;
       b = 300;
       let e = 700;
       function demo() {
           let d = 600;
       }
       demo();
       return a + a + b + 1000 + obj.name;
   }
*/
```

既然 path.scope.block 返回 Node 对象,那么就可以使用 generator 来生成代码。上述代码遍历所有 Identifier,当名字为 e 时,把当前节点的作用域转代码。变量 e 是定义在 add 内部的,作用域范围是整个 add。但是如果遍历的是一个函数,它的作用域会有些特别。来看下面这个例子:

```
traverse(ast, {
    FunctionDeclaration(path) {
        console.log(generator(path.scope.block).code);
    }
});
/*
   function demo() {
       let d = 600;
   }
*/
```

上述代码遍历 FunctionDeclaration,在原始代码中只有 demo 符合要求,但是 demo 的作用域实际上应该是整个 add 的范围。因此输出与实际不符,这时需要去获取父级作用域。获取函数的作用域代码如下:

```
traverse(ast, {
    FunctionDeclaration(path) {
        console.log(generator(path.scope.parent.block).code);
    }
});
/*
    function (a) {
        a = 400;
        b = 300;
        let e = 700;
        function demo() {
            let d = 600;
        }
        demo();
        return a + a + b + 1000 + obj.name;
    }
*/
```

8.4.2　scope.getBinding

scope.getBinding 接收一个类型为 string 的参数,用来获取对应标识符的绑定。为了更直观地说明绑定的含义,先来看下面这段代码。遍历 FunctionDeclaration,符合要求的只有 demo,然后获取当前节点下的绑定 a,直接输出 binding,代码如下:

```
traverse(ast, {
    FunctionDeclaration(path) {
        let binding = path.scope.getBinding('a');
        console.log(binding);
    }
});
/*
    Binding {
        identifier: Node {type: 'Identifier', ... name: 'a'},
        scope: Scope{ ...
            block: Node {type: 'FunctionExpression', ... } ... },
        path: NodePath {...},
        kind: 'param',
        constantViolations: [...],
        constant: false,
        referencePaths: [...],
        referenced: true,
        references: 2,...}
*/
```

getBinding 中传的值必须是当前节点能够引用到的标识符名。如传入 g,这个标识符并不存在,或者说当前节点引用不到,那么 getBinding 会返回 undefined。

接下来介绍 Binding 中关键的属性。identifier 是 a 标识符的 Node 对象。path 是 a 标识符的 Path 对象。kind 中表明了这是一个参数,但它并不代表就是当前 demo 的参数。实际上在原始代码中,a 是 add 的参数(当函数中局部变量与全局变量重名时,使用的是局部变量)。constant 表示是否常量。referenced 表示当前标识符是否被引用。references 表示当前标识符被引用的次数。constantViolations 与 referencePaths 会在后续内容中单独讲述。

另外可以看出,Binding 中也有 scope。因为获取的是 a 的 Binding,所以是 a 的 scope。将其中的 block 节点转为代码后,可以看出它的作用域范围就是 add。值得一提的是,假如获取的是 demo 的 Binding,将其中的 block 节点转为代码后,输出的也是 add。因此,获取函数作用域也可以用如下方式:

```
traverse(ast, {
    FunctionExpression(path) {
        let bindingA = path.scope.getBinding('a');
        let bindingDemo = path.scope.getBinding('demo');
        console.log(bindingA.referenced);
        console.log(bindingA.references);
        console.log(generator(bindingA.scope.block).code);
        console.log(generator(bindingDemo.scope.block).code);
    }
});
/*
    true
    2
    输出两次
    function (a) {
        a = 400;
        b = 300;
        let e = 700;
        function demo() {
            let d = 600;
        }
        demo();
        return a + a + b + 1000 + obj.name;
    }
*/
```

8.4.3 scope.getOwnBinding

该函数用于获取当前节点自己的绑定,也就是不包含父级作用域中定义的标识符的绑定。但是该函数会得到子函数中定义的标识符的绑定,来看下面这个例子:

```
function TestOwnBinding(path){
    path.traverse({
        Identifier(p){
```

```
            let name = p.node.name;
            console.log( name,!!p.scope.getOwnBinding(name) );
        }
    });
}
traverse(ast, {
    FunctionExpression(path){
        TestOwnBinding(path);
    }
});
/*
    a true
    a true
    b false
    e true
    demo false
    d true
    demo true
    a true
    a true
    b false
    obj false
    name false
*/
```

上述代码遍历 FunctionExpression 节点，当前案例中符合要求的只有 add 函数，然后遍历该函数下所有 Identifier，输出标识符名和 getOwnBinding 的结果。查看输出结果，可以发现子函数 demo 中定义的 d 变量，该变量也可以通过 getOwnBinding 得到。也就是说，如果只想获取当前节点下定义的标识符，而不涉及子函数的话，还需要进一步判断。可以通过判断标识符作用域是否与当前函数一致来确定，如：

```
function TestOwnBinding(path){
    path.traverse({
        Identifier(p){
            let name = p.node.name;
            let binding = p.scope.getBinding(name);
            binding && console.log( name, generator(binding.scope.block).code == path + '');
        }
    });
}
traverse(ast, {
    FunctionExpression(path){
        TestOwnBinding(path);
    }
});
/*
    a true
```

```
    a true
    b false
    e true
    demo true
    d false
    demo true
    a true
    a true
    b false
    obj false
*/
```

上述代码通过 binding.scope.block 获取标识符作用域,转为代码后,再与当前节点的代码比较,就可以确定是否是当前函数中定义的标识符。因为子函数中定义的标识符,作用域范围是子函数本身,添加判断作用域的代码后,使用 getBinding 和 getOwnBinding 得到的结果是一样的。

8.4.4 referencePaths 与 constantViolations

首先介绍 referencePaths。假如标识符被引用,referencePaths 中会存放所有引用该标识符的节点的 Path 对象。查看 referencePaths 中的内容,如下所示:

```
referencePaths: [
    NodePath {
        parent: Node {type: 'BinaryExpression', ...}, ...
        parentPath: NodePath { ...type: 'BinaryExpression'}, ...
        container: Node {type: 'BinaryExpression', ... },
        listKey: undefined,
        key: 'left',
        node: Node { type: 'Identifier', ... name: 'a'},
        scope: Scope { ... },
        type: 'Identifier'},
    NodePath { ... key: 'right', ... type: 'Identifier'}]
```

可以看出,referencePaths 是一个数组。在原始代码中使用的是 a+a,所以有两处引用,对应这里的两个成员。其中 Node 对象是引用处的 a 标识符本身。因为这是一个二项式,所以两处引用分别是 BinaryExpression 的 left 和 right,它们的父节点自然是二项式。没有兄弟节点,所以 container 是一个对象,listKey 是 undefined。

再看介绍 constantViolations。假如标识符被修改,constantViolations 中会存放所有修改该标识符节点的 Path 对象。查看 constantViolations 中的内容,原始代码中有一处修改了 a 变量,它是一个赋值表达式,left 是 a,right 是 400,如下所示:

```
constantViolations: [
    NodePath { ...
```

```
node: Node {
    type: 'AssignmentExpression', ...
    operator: '=',
    left: Node { type: 'Identifier', ... name: 'a'},
    right: Node { type: 'NumericLiteral', ... value: 400 }}, ...}]
```

8.4.5 遍历作用域

scope.traverse 方法可以用来遍历作用域中的节点。可以使用 Path 对象中的 scope，也可以使用 Binding 中的 scope，推荐使用后者。来看下面这个例子：

```
traverse(ast, {
    FunctionDeclaration(path) {
        let binding = path.scope.getBinding('a');
        binding.scope.traverse(binding.scope.block, {
            AssignmentExpression(p) {
                if (p.node.left.name == 'a')
                    p.node.right = t.numericLiteral(500);
            }
        });
    }
});
/*
    const a = 1000;
    let b = 2000;
    let obj = {
        name: 'xiaojianbang',
        add: function (a) {
            a = 500;
            b = 300;
            let e = 700;
            function demo() {
                let d = 600;
            }
            demo();
            return a + a + b + 1000 + obj.name;
        }
    };
    obj.add(100);
*/
```

原始代码中，a=400，上述代码的作用是将它改为 a=500。假如是从 demo 这个函数入手，那么只要获取 demo 函数中的 a 的 Binding，然后遍历 binding.scope.block（也就是 a 的作用域），找到赋值表达式是 left 为 a 的，将对应的 right 改掉。

8.4.6 标识符重命名

可以使用 scope.rename 将标识符进行重命名,这个方法会同时修改所有引用该标识符的地方。例如将 add 函数中的 b 变量重命名为 x,代码如下:

```
traverse(ast, {
    FunctionExpression(path) {
        let binding = path.scope.getBinding('b');
        binding.scope.rename('b', 'x');
    }
});
/*
    const a = 1000;
    let x = 2000;
    let obj = {
        name: 'xiaojianbang',
        add: function (a) {
            a = 400;
            x = 300;
            ...
            return a + a + x + 1000 + obj.name;
        }
    };
    obj.add(100);
*/
```

上述方法很方便,但是如果指定一个名字,可能会与现有标识符冲突。这时可以使用 scope.generateUidIdentifier 来生成一个标识符,生成的标识符不会与任何本地定义的标识符相冲突,如:

```
traverse(ast, {
    FunctionExpression(path){
        path.scope.generateUidIdentifier("uid");
        // Node { type: "Identifier", name: "_uid" }
        path.scope.generateUidIdentifier("uid");
        // Node { type: "Identifier", name: "_uid2" }
    }
});
```

使用这两种方法,就可以实现一个简单的标识符混淆方案。代码如下:

```
traverse(ast, {
    Identifier(path){
        path.scope.rename(path.node.name,
                    path.scope.generateUidIdentifier('_0x2ba6ea').name);
    }
});
```

```
/*
const _0x2ba6ea = 1000;
let _0x2ba6ea15 = 2000;
let _0x2ba6ea18 = {
    name: 'xiaojianbang',
    add: function (_0x2ba6ea14) {
        _0x2ba6ea14 = 400;
        _0x2ba6ea15 = 300;
        let _0x2ba6ea9 = 700;
        function _0x2ba6ea12() {
            let _0x2ba6ea11 = 600;
        }
        _0x2ba6ea12();
        return _0x2ba6ea14 + _0x2ba6ea14 + _0x2ba6ea15 + 1000 + _0x2ba6ea18.name;
    }
};
_0x2ba6ea18.add(100);
//在控制台执行以上代码,最后输出'2100xiaojianbang'
*/
```

实际上标识符混淆方案还可以做得更复杂。例如,上述代码中,如果再多定义一些函数,会发现各函数之间的局部变量名是不重复的。假如把各个函数之间的局部变量定义成重复的,甚至还可以让函数中的局部变量跟当前函数中没有引用到的全局变量重名,原始代码中的全局变量 a 与 add 中的 a 参数。更复杂的标识符混淆方案将在第 9 章详细介绍。

8.4.7 scope 的其他方法

1. scope.hasBinding('a')

该方法查询是否有标识符 a 的绑定,返回 true 或 false。可以用 scope.getBinding('a')代替,scope.getBinding('a')返回 undefined,等同于 scope.hasBinding('a')返回 false。

2. scope.hasOwnBinding('a')

该方法查询当前节点中是否有自己的绑定,返回 true 或 false。例如,对于 demo 函数,OwnBinding 只有一个 d。函数名 demo 虽然也是标识符,但不属于 demo 函数的 OwnBinding 范畴,是属于它的父级作用域的,如:

```
traverse(ast, {
    FunctionDeclaration(path){
        console.log( path.scope.parent.hasOwnBinding('demo') );
    }
});
// true
```

同样可以使用 scope.getOwnBinding('a')代替它，scope.getOwnBinding('a')返回 undefined，等同于 scope.hasOwnBinding('a')返回 false。原始代码中 scope.hasOwnBinding('a')也是通过 scope.getOwnBinding('a')来实现的。

3. scope.getAllBindings

该方法获取当前节点的所有绑定，会返回一个对象。该对象以标识符名为属性名，对应的 Binding 为属性值，代码如下：

```
traverse(ast, {
    FunctionDeclaration(path){
        console.log( path.scope.getAllBindings() );
    }
});
/*
    [Object: null prototype]{
        d: Binding {...},
        a: Binding {...},
        demo: Binding {...},
        e: Binding {...},
        b: Binding {...},
        obj: Binding {...}
    }
*/
```

4. scope.hasReference('a')

该方法查询当前节点中是否有 a 标识符的引用，返回 true 或 false。

5. scope.getBindingIdentifier('a')

该方法获取当前节点中绑定的 a 标识符，返回 Identifier 的 Node 对象。同样，这个方法也有 Own 版本，为 scope.getOwnBindingIdentifier('a')。

8.5 小结

本章详细介绍了 AST 的基本结构，了解 AST 结构是学习后续知识的基础。接着讲述了 traverse 组件与 visitor 的使用，这在 Babel 自动化处理 JS 代码过程中必不可少。然后阐明了 types 组件的用法，如果要生成新的节点，这个组件最合适。如果要修改节点或者将生成的新节点加入到已有的节点中，那么 Path 对象相关的方法必不可少。Path 对象是本章的重点。另外，标识符都具有自己的作用域，不同作用域中可能会有相同名字的标识符，因此在处理代码的过程中，要格外小心这种情况，选择在作用域内遍历节点更合理，Babel 中的 scope 是处理这种情况的"利器"。

Babel 中的 API 还有很多没有介绍，剩余的需要自己去学习。一定要多看、多练和多思考，才能更快地掌握这些 API 的使用。

8.6 习题

1. 将以下代码放到 AST Expoer 网站中解析,并分析解析以后的结构。

```
function test(a){
    return a + 1000;
}
```

2. 使用 types 组件生成第 1 题中的代码。

3. 以第 1 题的代码为源代码,使用 Babel 的 API 将其改为如下形式。

```
function test(a){
    return function(){
        return a + 1000;
    }();
}
```

4. 以第 3 题的代码为源代码,使用 Babel 的 API 将其改为如下形式。

```
function test(a, b){
    b = 2000;
    return function(){
        return a + b, a + 1000;
    }();
}
```

5. 以第 4 题的代码为源代码,使用 Babel 的 API 将其中的变量 a 改为 x。

6. 编写一个 visitor,判断标识符是否为当前参数。

第9章

AST自动化JS防护方案

本章介绍如何自动化地混淆 JS 代码,并着重讲述混淆方案的代码实现。在本章中,如果没有特别说明,均以处理以下代码为例:

```
Date.prototype.format = function(formatStr) {
    var str = formatStr;
    var Week = ['日', '一', '二', '三', '四', '五', '六'];
    str = str.replace(/yyyy|YYYY/, this.getFullYear());
    str = str.replace(/MM/, (this.getMonth() + 1) > 9 ? (this.getMonth() + 1).toString() : '0' + (this.getMonth() + 1));
    str = str.replace(/dd|DD/, this.getDate() > 9 ? this.getDate().toString() : '0' + this.getDate());
    return str;
}
console.log( new Date().format('yyyy-MM-dd') );
//输出结果 2020-07-19
```

视频讲解

9.1 混淆前的代码处理

9.1.1 改变对象属性访问方式

对象属性访问方式有两种:console.log 和 console["log"]。在 JS 混淆中,通常会使用 console["log"]这种对象属性访问方式。下面介绍两种访问方式在 AST 节点中的区别,示例如下:

```
traverse(ast, {
    MemberExpression(path){
```

```
            console.log(path.node);
        }
    });

/* console.log
    Node { type: 'MemberExpression', ...
        object: Node { type: 'Identifier', ... name: 'console' },
        property: Node { type: 'Identifier', ... name: 'log' },
        computed: false }
    console["log"]
    Node { type: 'MemberExpression', ...
        object: Node { type: 'Identifier', ... name: 'console' },
        property: Node { type: 'StringLiteral', ...
            extra: { rawValue: 'log', raw: '"log"' }, value: 'log' },
        computed: true }
*/
```

可以看出主要有两处差异，console.log这种访问方式的property为Identifier，computed为false；console["log"]这种访问方式的property为StringLiteral，computed为true。因此，只要遍历MemberExpression（成员表达式），修改对应的属性，即可完成两种访问方式的转换，如下所示：

```
traverse(ast, {
    MemberExpression(path){
        if(t.isIdentifier(path.node.property)){
            let name = path.node.property.name;
            path.node.property = t.stringLiteral(name);
        }
        path.node.computed = true;
    },
});
/* 输出结果只截取其中一部分
    Date["prototype"]["format"] = function (formatStr) {
        ...
        str = str["replace"](/yyyy|YYYY/, this["getFullYear"]());
        ...
    };
    console["log"](new Date()["format"]('yyyy-MM-dd'));
*/
```

进行混淆之前的代码中，两种访问方式可能都有。因此修改property属性时需要判断，只处理类型为Identifier的情况。

9.1.2 JS标准内置对象的处理

从改变访问方式后的代码中可以看到，有两个Date，它们是JS中的标准内置对象，也可以理解为系统函数,系统函数的使用必须按照规则。内置对象一般都是 window 下的属性,因此可以转化为 window["Date"]这种形式来访问,这里的 Date 是一个字符串,可以进行加密。另外,还有一些系统自带的全局函数,它们也是 window 下的方法,可以一并处理。

JS 发展到现在,标准内置对象极其庞杂,这里只演示其中的一部分。JS 中常见的全局函数有 eval、parseInt 和 encodeURIComponent。JS 中常见的标准内置对象有 Object、Function、Boolean、Number、Math、Date、String、RegExp 和 Array 等。这些全局函数和内置对象都是 window 对象下的,在 AST 中都是标识符。因此处理代码的过程可以是遍历 Identifier 节点,把符合要求的节点替换成 object 属性为 window 的 MemberExpression,也就是需要生成 MemberExpression,它在 ts 文件中的定义为:

```
export function memberExpression(object: Expression, property: any, computed?: boolean,
    optional?: true | false | null): MemberExpression;
```

传入 object、property 和 computed,返回 MemberExpression。内置对象的处理代码如下:

```
traverse(ast, {
    Identifier(path){
        let name = path.node.name;
    if('eval|parseInt|encodeURIComponent|Object|Function|Boolean|Number|Math|Date|String|
RegExp|Array'.indexOf(name) != -1){
            path.replaceWith(t.memberExpression(t.identifier('window'), t.stringLiteral
(name), true));
        }
    }
});
/*输出结果只截取其中一部分
    window["Date"]["prototype"]["format"] = function (formatStr) {
      ...
      str = str["replace"](/yyyy|YYYY/, this["getFullYear"]());
      ...
    };
    console["log"](new window["Date"]()["format"]('yyyy-MM-dd'));
*/
```

上述代码中先获取到 Identifier 的 name 属性,然后到预先准备好的字符串中搜索。如果是内置对象或全局函数,就把它替换成 object 属性为 window 的 MemberExpression。

视频讲解

9.2 常量与标识符的混淆

9.2.1 实现数值常量加密

代码中的数值常量可以通过遍历 NumericLiteral 节点,获取其中的 value 属性得到,然后随机生成一个数值记为 key,接着把 value 与 key 进行异或,得到加密后的数值记为

cipherNum,即 cipherNum＝value ^ key。此时,value＝cipherNum ^ key。因此可以生成一个 BinaryExpression 节点来等价地替换 NumericLiteral 节点。BinaryExpression 的 operator 为^,left 为 cipherNum,right 为 key。具体代码如下:

```
//数值常量加密
traverse(ast, {
    NumericLiteral(path){
        let value = path.node.value;
        let key = parseInt(Math.random() * (999999 - 100000) + 100000, 10);
        let cipherNum = value ^ key;
        path.replaceWith(t.binaryExpression('^', t.numericLiteral(cipherNum),
t.numericLiteral(key)));
        //替换后的节点里也有numericLiteral节点,会造成死循环,因此需要加入path.skip()
        path.skip();
    }
});
/* 输出结果只截取其中一部分
    window["Date"]["prototype"]["format"] = function (formatStr) {
        ...
        str = str["replace"](/MM/, this["getMonth"]() + (345767 ^ 345766) > (423679 ^
423670) ? (this["getMonth"]() + (471098 ^ 471099))["toString"]() : '0' + (this["getMonth"]
() + (646781 ^ 646780)));
        ...
    };
    console["log"](new window["Date"]()["format"]('yyyy-MM-dd'));
*/
```

9.2.2　实现字符串常量加密

原始代码经过前面几节的处理,许多标识符都变成了字符串,但是这些字符串依然是明文。这一节就要对这些字符串进行加密,加密的思路较为简单。例如,代码中明文是"prototype",加密后的值为"cHJvdG90eXBl",解密函数名为 atob。只要生成 atob("cHJvdG90eXBl"),然后用它替换原先的"prototype"即可。解密函数也需要一起放入原始代码中。在这里用 Base64 编码字符串,然后使用浏览器自带的 atob 来解密。

如果在 AST 中操作,先要遍历所有的 StringLiteral,取出其中的 value 属性进行加密,然后把 StringLiteral 节点替换为 CallExpression(调用表达式)。对于生成 CallExpression,先来看一下 CallExpression 在 ts 文件中的定义:

```
export function callExpression(callee: Expression | V8IntrinsicIdentifier, _arguments: Array
<Expression | SpreadElement | JSXNamespacedName | ArgumentPlaceholder>): CallExpression;
```

callee 表示函数名,传入一个 Identifier 即可。_arguments 表示参数,可以有多个参数,因此它是一个数组。函数最终返回 CallExpression。实现字符串常量加密的代码如下:

```
//base64Encode 就是加密字符串的函数,可以根据需求自行实现
function base64Encode(str){
    ...
}
traverse(ast, {
    StringLiteral(path){
            //生成 callExpression 参数就是字符串加密后的密文
        let encStr = t.callExpression(
            t.identifier('atob'),
                [t.stringLiteral(base64Encode(path.node.value))]);
        path.replaceWith(encStr);
            //替换后的节点里也有 StringLiteral 节点,会造成死循环,因此需要加入 path.skip()
        path.skip();
   }
});

/*输出结果只截取其中一部分
Date[atob("cHJvdG90eXBl")][atob("Zm9ybWF0")] = function (formatStr) {
    ...
    str = str[atob("cmVwbGFjZQ==")](/yyyy|YYYY/,
        this[atob("Z2V0RnVsbFllYXI=")]());
    ...
};
console[atob("bG9n")](new Date()
[atob("Zm9ybWF0")](atob("eXl5eS1NTS1kZA==")));
*/
```

视频讲解

9.2.3 实现数组混淆

观察经过字符串加密以后的代码,可以看到字符串虽然加密了,但是依然在原先的位置。数组混淆要把这些字符串都提取到数组中,原先字符串的位置改为以数组下标的方式去访问数组成员。还可以提取到多个数组中,不同的数组处于不同的作用域中。在这里就只实现提取到一个数组的情况。

例如,Date[atob("cHJvdG90eXBl")],把"cHJvdG90eXBl"变成数组 arr 的下标为 0 的成员后,原先字符串的位置就变为 Date[atob(arr[0])],还需要额外生成一个数组,放入到被混淆的代码中。

AST 的处理首先是遍历 StringLiteral 节点,可以和字符串加密一起处理。先构造出一个结构 atob(arr[0]),代码如下:

```
let encStr = t.callExpression(
    t.identifier('atob'),
    [t.memberExpression(t.identifier('arr'), t.numericLiteral(index), true)]);
```

这段代码构建了一个 CallExpression,函数名为 atob,参数是 MemberExpression。这个 MemberExpression 的 object 属性为 arr(就是稍后要生成的数组名),property 属性为数

组索引 index，这个值当前未知。

接着把代码中的字符串放入数组中，得到对应的索引。这里有两种方案：不管字符串是否重复，遍历到一个就放入数组，然后把新的索引赋值给 index；字符串放入数组之前，先查询数组中是否有相同的字符串，如果有相同的字符串，得到原先的索引并赋值给 index。在这里采用第二种方案，代码如下：

```
function base64Encode(str){
    ...
}
let bigArr = [];
traverse(ast, {
    StringLiteral(path){
        let cipherText = base64Encode(path.node.value);
        let bigArrIndex = bigArr.indexOf(cipherText);
        let index = bigArrIndex;
        if(bigArrIndex == -1){
            let length = bigArr.push(cipherText);
            index = length - 1;
        }
        let encStr = t.callExpression(
                    t.identifier('atob'),
                    [t.memberExpression(t.identifier('arr'),
                                t.numericLiteral(index), true)]);
        path.replaceWith(encStr);
    }
});
```

在 JS 中，indexOf 不止用来搜索字符串，还可以搜索数组中某个成员是否存在，如果存在，则返回索引，否则返回 -1。

在上述代码中，path.node.value 是明文字符串，先进行加密得到 cipherText，再去数组中搜索是否存在与 cipherText 一样的成员。如果已经存在于数组中，那就把原先的索引赋值给 index，然后构建函数调用表达式，替换当前的 StringLiteral 节点。用于替换的节点中没有 StringLiteral 节点，不会死循环，所以不需要加入停止遍历的代码。如果不存在于数组中，也就是 indexOf 返回的结果为 -1，就把 cipherText 加入到数组中。数组的 push 方法可以同时加入多个成员，它除了加入成员到数组末尾以外，还会返回加入成员以后的数组长度，因此 length - 1 就是数组最末尾成员的索引。

当前 bigArr 中的成员只是 JS 中的字符串，并不是 AST 中需要的 StringLiteral 节点。因此还需要做进一步处理，把 bigArr 中的成员都转成 stringLiteral 节点。代码如下：

```
bigArr = bigArr.map(function(v){
    return t.stringLiteral(v);
});
```

现在把 bigArr 加入到 ast 中，也就是要先用 types 组件生成一个数组声明，并且数组成员与 bigArr 一致，然后加入到被混淆代码的最上面。实现代码如下：

```
bigArr = t.variableDeclarator(t.identifier('arr'), t.arrayExpression(bigArr));
bigArr = t.variableDeclaration('var', [bigArr]);
ast.program.body.unshift(bigArr);
```

program 节点相当于整个 JS 文件,它的 body 属性是一个数组,用 unshift 把 bigArr 加入到最前面。完整的数组混淆处理代码如下:

```
function base64Encode(str){
    ...
}
let bigArr = [];
traverse(ast, {
    StringLiteral(path){
        let cipherText = base64Encode(path.node.value);
        let bigArrIndex = bigArr.indexOf(cipherText);
        let index = bigArrIndex;
        if(bigArrIndex == -1){
            let length = bigArr.push(cipherText);
            index = length - 1;
        }
        let encStr = t.callExpression(
                    t.identifier('atob'),
                    [t.memberExpression(t.identifier('arr'),
                                        t.numericLiteral(index), true)]);
        path.replaceWith(encStr);
    }
});
bigArr = bigArr.map(function(v){
  return t.stringLiteral(v);
});
bigArr = t.variableDeclarator(t.identifier('arr'), t.arrayExpression(bigArr));
bigArr = t.variableDeclaration('var', [bigArr]);
ast.program.body.unshift(bigArr);

/*输出结果只截取其中一部分
    var arr = ["cHJvdG90eXBl", "Zm9ybWF0", "5Q==", "AA==", "jA==", "CQ==", "2w==",
"lA==", "bQ==", "cmVwbGFjZQ==", "Z2V0RnVsbFllYXI=", "Z2V0TW9udGg=", "dG9TdHJpbmc=",
"MA==", "Z2V0RGF0ZQ==", "bG9n", "eXl5eS1NTS1kZA=="];
    Date[atob(arr[0])][atob(arr[1])] = function (formatStr) {
        ...
        str = str[atob(arr[9])](/yyyy|YYYY/, this[atob(arr[10])]());
            ...
    };
    console[atob(arr[15])](new Date()[atob(arr[1])](atob(arr[16])));
*/
```

9.2.4 实现数组乱序

视频讲解

经过数组混淆以后的代码,引用处的数组索引与原先字符串是一一对应的。这一节要打乱这个数组的顺序。代码较为简单,传入一个数组,并且指定循环次数,每次循环都把数组后面的成员放前面。代码如下：

```
(function(myArr, num){
    var xiaojianbang = function(nums){
        while( -- nums){
            myArr.unshift(myArr.pop());
        }
    };
    xiaojianbang(++num);
}(bigArr, 0x10));
```

既然数组的顺序和原先不一样，那么被混淆的代码在执行之前是需要还原的。因此还需要一段还原数组顺序的代码。这里的代码逆向编写，即循环同样的次数，把数组前面的成员放后面。代码如下：

```
(function(myArr, num) {
    var xiaojianbang = function (nums) {
        while ( -- nums) {
            myArr.push(myArr.shift());
        }
    };
    xiaojianbang(++num);
})(arr, 0x10);
```

还原顺序的代码要和被混淆的代码放在一起，把还原数组顺序的代码保存到新文件 demoFront.js 中，读取该文件并解析为 astFront。由于还原数组顺序的代码最外层只有一个函数节点，因此取出其中的 astFront.program.body[0] 放入到被混淆代码中的 body 中。代码如下：

```
//读取还原数组顺序的函数，并解析为 astFront
const jscodeFront = fs.readFileSync("./demoFront.js", {
    encoding: "utf-8"
});
let astFront = parser.parse(jscodeFront);
//把还原数组顺序的代码加入到被混淆代码的 ast 中
ast.program.body.unshift(astFront.program.body[0]);
//构建数组声明语句
bigArr = t.variableDeclarator(t.identifier('arr'), t.arrayExpression(bigArr));
bigArr = t.variableDeclaration('var', [bigArr]);
//把数组放到被混淆代码的 ast 最前面
ast.program.body.unshift(bigArr);
```

从上述代码中可以看出，数组混淆中生成的数组，需要放到还原数组顺序的代码前面。

9.2.5 实现十六进制字符串

实现数组顺序还原的代码是没有经过混淆的。代码中标识符的混淆，可以最后一起处理。其中，像 push、shift 这些方法可以转为字符串，由于这些代码处于还原数组顺序的代码中，因此无法把它们提取到大数组中。在这里就简单地把它们编码成十六进制字符串，如下所示：

```
function hexEnc(code) {
    for (var hexStr = [], i = 0, s; i < code.length; i++) {
        s = code.charCodeAt(i).toString(16);
        hexStr += "\\x" + s;
    }
    return hexStr
}
traverse(astFront,{
    MemberExpression(path){
        if(t.isIdentifier(path.node.property)){
            let name = path.node.property.name;
            path.node.property = t.stringLiteral(hexEnc(name));
        }
        path.node.computed = true;
    }
});
let code = generator(astFront).code;
console.log(code);

/* 处理后的输出结果
    (function (myArr, num) {
        var xiaojianbang = function (nums) {
            while (--nums) {
                myArr["\\x70\\x75\\x73\\x68"](myArr["\\x73\\x68\\x69\\x66\\x74"]());
            }
        };
        xiaojianbang(++num);
    })(arr, 0x12);
*/
```

上述代码遍历 MemberExpression 节点，将 property 的值进行 hex 编码，然后用 stringLiteral 节点替换 property，并把 computed 改为 true，最后输出的结果有两个转义字符，其实是 Babel 在处理节点时，自动转义了反斜杠。在转成代码后，把它们替换掉即可，即 code＝code.replace(/\\\\x/g, '\\x')。

另外，unicode 字符串的实现方式与本节一致，把 hex 编码的函数换成 unicode 编码的函数即可。

视频讲解

9.2.6 实现标识符混淆

一般情况下，标识符都是有语义的，根据标识符名可以大致推测出代码意图，因此标识符混淆很有必要。在 8.4.5 节介绍过一个简单的标识符混淆方案，这个方案的缺点是整个文件中不同标识符的名称都是不一样的。实际开发中，可以让各个函数之间的局部标识名相同，函数内的局部标识符名还可以与没有引用到的全局标识符名相同，这样做更具迷惑性，本节主要实现这种方案。

实现这种方案需要用到一个方法，即 scope.getOwnBinding。该方法可以用来获取属于当前节点自己的绑定。例如，在 Program 节点下，使用 getOwnBinding 就可以获取到全局标识符名，而函数内局部标识符名不会被获取到。要获取到局部标识符名可以遍历函数节点，在 FunctionExpression 与 FunctionDeclaration 节点下，使用 getOwnBinding 会获取到函数自身定义的局部标识符名，而不会获取到全局标识符名。遍历这三种节点，执行同一个重命名方法，代码如下：

```
traverse(ast, {
    'Program|FunctionExpression|FunctionDeclaration'(path) {
        renameOwnBinding(path);
    }
});
```

renameOwnBinding 如何实现呢？来看下面这段代码：

```
function renameOwnBinding(path) {
    let OwnBindingObj = {}, globalBindingObj = {}, i = 0;
    path.traverse({
        Identifier(p){
            let name = p.node.name;
            let binding = p.scope.getOwnBinding(name);
            binding ? (OwnBindingObj[name] = binding) : (globalBindingObj[name] = 1);
        }
    });
}
```

上述代码先遍历当前节点中所有的 Identifier，得到 Identifier 的 name 属性，通过 getOwnBinding 判断是否为当前节点自己的绑定。如果 binding 为 undefined，则表示是其父级函数标识符或者全局标识符，就将该标识符名作为属性名，放入到 globalBindingObj 对象中；如果 binding 存在，则表示是当前节点自己的绑定，就将该标识符作为属性名，binding 作为属性值，放入到 OwnBindingObj 对象中。

这里有以下四点需要注意。

① globalBindingObj 中存放的不是所有全局标识符，而是当前节点引用到的全局标识符。因为重命名标识符时，不能与引用到的全局标识符重名，需要进行判断。至于没有引用到的全局标识符名，重名才更具迷惑性，最后使用的还是当前节点定义的局部标识符。

② OwnBindingObj 中存储对应标识符的 binding。因为重命名标识符时，需要使用 binding.scope.rename 方法。

③ 把标识符名作为对象的属性名。如果一个 Identifier 有多处引用，就会遍历到多个，但实际上只需要调用一次 scope.rename 即可完成所有引用处的重命名。而对象属性名具有唯一性，可以只保留最后一个同名标识符。

④ 把 ast 先转成代码，再次进行解析后，再进行标识符混淆。前面章节介绍过修改

AST 节点时,如果使用 Path 对象的方法,Babel 会更新 Path 信息。但是实际应用中并不能做到全部使用 Path 对象的方法。例如,用 types 组件生成新节点,由于 types 组件生成的是节点,并不是 Path 对象,那么 binding 是没有来源的。

接下来遍历 OwnBindingObj 对象中的属性,进行重命名,代码如下:

```
for(let oldName in OwnBindingObj) {
    do {
        var newName = '_0x2ba6ea' + i++;
    } while(globalBindingObj[newName]);
    OwnBindingObj[oldName].scope.rename(oldName, newName);
}
```

上述代码中使用 do…while 循环来随机取一个标识符名,直到与当前节点引用到的全局标识符名不一样时,进行重命名。这段代码看起来没有问题,实际上 getOwnBinding 会取到当前函数中的子函数的局部标识符。不影响最后结果,因为在当前函数中对子函数的局部标识符进行重命名,当遍历到子函数时,还会再次重命名,在这里使用比较标识符作用域的方法来避免这种情况。完整的混淆标识符的代码如下:

```
function renameOwnBinding(path) {
    let OwnBindingObj = {}, globalBindingObj = {}, i = 0;
    path.traverse({
        Identifier(p) {
            let name = p.node.name;
            let binding = p.scope.getOwnBinding(name);
            binding && generator(binding.scope.block).code == path + '' ?
            (OwnBindingObj[name] = binding) : (globalBindingObj[name] = 1);
        }
    });
    for(let oldName in OwnBindingObj) {
        do {
            var newName = '_0x2ba6ea' + i++;
        } while(globalBindingObj[newName]);
        OwnBindingObj[oldName].scope.rename(oldName, newName);
    }
}
traverse(ast, {
    'Program|FunctionExpression|FunctionDeclaration'(path) {
        renameOwnBinding(path);
    }
});
/* 以处理 8.4 节中的代码为例,输出以下结果
 const _0x2ba6ea0 = 1000;
 let _0x2ba6ea1 = 2000;
 let _0x2ba6ea2 = {
     name: 'xiaojianbang',
     add: function (_0x2ba6ea0) {
```

```
            _0x2ba6ea0 = 400;
            _0x2ba6ea1 = 300;
            let _0x2ba6ea3 = 700;
            function _0x2ba6ea4(_0x2ba6ea0) {
                let _0x2ba6ea1 = 600;
            }
            _0x2ba6ea4();
            return _0x2ba6ea0 + _0x2ba6ea0 + _0x2ba6ea1 + 1000 + _0x2ba6ea2.name;
        }
    };
    _0x2ba6ea2.add(100);
    //混淆后的代码,控制台运行结果 "2100xiaojianbang" 与原先一致
*/
```

在 binding && generator(binding.scope.block).code == path+'' 这段代码中，binding.scope.block 表示 binding 的作用域，path+'' 表示把当前节点转为代码。这里的 path 指的是 Program、FunctionExpression 和 FunctionDeclaration 中任意一个。子函数的参数作用域转为代码后是子函数本身，与当前节点转为代码后不一致。

9.2.7 标识符的随机生成

视频讲解

在 9.2.6 节中，重命名标识符时使用固定的 _0x2ba6ea 加上一个自增的数字来作为新的标识符名。这一节将使用大写字母 O、小写字母 o 和数字 0 这三个字符来组成标识符名。把 9.2.6 节中 var newName = '_0x2ba6ea'+i++; 这句代码改成 var newName = generatorIdentifier(i++); ，以下是 generatorIdentifier 的实现代码：

```
function generatorIdentifier(decNum){
    let flag = ['O', 'o', '0'];
    let retval = [];
    while(decNum > 0){
        retval.push(decNum % 3);
        decNum = parseInt(decNum / 3);
    }
    let Identifier = retval.reverse().map(function(v){
        return flag[v]
    }).join('');
    Identifier.length < 6 ? (Identifier = ('OOOOOO' + Identifier).substr(-6)):
    Identifier[0] == '0' && (Identifier = 'O' + Identifier);
    return Identifier;
}

/* 以处理 8.4 节中的代码为例,输出以下结果
 const OOOOOO = 1000;
 let OOOOOo = 2000;
 let OOOOoO = {
     name: 'xiaojianbang',
```

```
        add: function (OOOOOO) {
            OOOOOO = 400;
            OOOOOo = 300;
            let OOOOoO = 700;
            function OOOOoo(OOOOOO) {
                let OOOOOo = 600;
            }
            OOOOoo();
            return OOOOOO + OOOOOO + OOOOOo + 1000 + OOOOOO.name;
        }
    };
    OOOOOO.add(100);
    //混淆后的代码,控制台运行结果 "2100xiaojianbang" 与原先一致
*/
```

它本质上就是将十进制转为三进制,然后把0、1、2分别用大写字母O、小写字母o和数字0来替换。retval 数组中存的是余数,经过数组的 reverse 方法倒序后,就得到十进制转为三进制的结果,只是这时里面的数字是 012。接着通过数组的 map 遍历数组成员 012,分别替换成大写字母O、小写字母o和数字0。最后用数组的 join 把数组拼接成字符串。为了使生成的标识符整齐,对于长度小于6的标识符,可以用大写字母O或者小写字母o补全位数;对于长度大于或等于6并且第一个字符是数字0的标识符,则往前面补一个大写字母O或者小写字母o(标识符不能以数字开头)。

9.3 代码块的混淆

视频讲解

9.3.1 二项式转函数花指令

花指令用来尽可能地隐藏原代码的真实意图,并且有多种实现方案。本节要介绍如何把二项式转为函数。例如,把 c+d 转换为如下形式:

```
function xxx(a, b){
    return a + b;
}
xxx(c, d);
```

不止二项式,代码中的函数调用表达式也可以处理成类似的花指令,例如 c(d) 可以转换成如下形式:

```
function xxx(a, b){
    return a(b);
}
xxx(c, d);
```

在这里只实现二项式的情况。从 AST 的角度去考虑如何实现这个方案,分为以下四步:

① 遍历 BinaryExpression 节点，取出 operator、left 和 right。

② 生成一个函数，函数名不能与当前节点中的标识符冲突，参数可以固定为 a 和 b，返回语句中的运算符与 operator 一致。

③ 找到最近的 BlockStatement 节点，将生成的函数加入到 body 数组中的最前面。

④ 把原先的 BinaryExpression 节点替换为 CallExpression，callee 是函数名，_arguments 是二项式的 left 和 right。

上述实现方案中，标识符名可以随机设置，因为最后进行标识符混淆时，会处理成相似的名字。花指令的目的是增加代码量，隐藏代码的真实意图。因此每遍历到一个 operator，都可以生成不同名字的函数，不需要去判断是哪种 operator，因为并不是一种 operator 生成一个函数。实现的代码如下：

```
traverse(ast, {
    BinaryExpression(path){
        let operator = path.node.operator;
        let left = path.node.left;
        let right = path.node.right;
        let a = t.identifier('a');
        let b = t.identifier('b');
        let funcNameIdentifier = path.scope.generateUidIdentifier('xxx');
        let func = t.functionDeclaration(
            funcNameIdentifier,
            [a, b],
            t.blockStatement([t.returnStatement(
                t.binaryExpression(operator, a, b)
            )]));
        let BlockStatement = path.findParent(
                function(p){return p.isBlockStatement()});
        BlockStatement.node.body.unshift(func);
        path.replaceWith(t.callExpression(funcNameIdentifier, [left, right]));
    }
});

/*为了更清晰,不加入其他混淆
    Date.prototype.format = function (formatStr) {
      function _xxx5(a, b) {
        return a + b;
      }
      function _xxx4(a, b) {
        return a + b;
      }
      function _xxx3(a, b) {
        return a + b;
      }
      function _xxx2(a, b) {
        return a + b;
      }
      function _xxx(a, b) {
```

```
            return a > b;
        }
        ...
        str = str.replace(/MM/, _xxx(_xxx2(this.getMonth(), 1), 9) ? _xxx3(this.getMonth(),
1).toString() : _xxx4('0', _xxx5(this.getMonth(), 1)));
        ...
        return str;
    };
    console.log(new Date().format('yyyy-MM-dd'));
*/
```

视频讲解

9.3.2 代码的逐行加密

这种方案的原理跟字符串加密是一样的,不过需要先把代码转化为字符串,再把字符串加密后的密文传入解密函数、解密出明文,然后通过 eval 执行代码。实现代码如下:

```
traverse(ast, {
    FunctionExpression(path){
        let blockStatement = path.node.body;
        let Statements = blockStatement.body.map(function(v){
            if(t.isReturnStatement(v)) return v;
            let code = generator(v).code;
            let cipherText = base64Encode(code);
            let decryptFunc = t.callExpression(t.identifier('atob'), [t.stringLiteral(cipherText)]);
            return t.expressionStatement(t.callExpression(t.identifier('eval'), [decryptFunc]));
        });
        path.get('body').replaceWith(t.blockStatement(Statements));
    }
});

/*
    Date.prototype.format = function (formatStr) {
      eval(atob("dmFyIHN0ciA9IGZvcm1hdFN0cjs = "));
    eval(atob("dmFyIFdlZWsgPSBbJ+UnLCAnACcsICeMJywgJwknLCAn2ycsICeUJywgJ20nXTs = "));
    eval(atob("c3RyID0gc3RyLnJlcGxhY2UoL3l5eXl8WVlZWS8sIHRoaXMuZ2V0RnVsbFllYXIoKSk7"));
        ...
        return str;
    };
    console.log(new Date().format('yyyy-MM-dd'));
*/
```

这段代码处理步骤如下:

(1) 遍历 FunctionExpression 节点。其中,path.node.body 即 BlockStatement 节点。blockStatement.body 是一个数组,里面是函数的代码行,它的每一个成员分别对应函数的

每一行语句,然后使用数组的 map 方法对每一行语句分别处理。

(2) 如果是返回语句,就不做处理,直接返回原语句。单行加密时不能加密返回语句;整个函数加密时,函数中可以有返回语句。

(3) 使用 let code = generator(v).code;将语句转变成字符串。

(4) 使用 let cipherText = base64Encode(code);对字符串进行加密。

(5) 构建 atob('xxxx')形式的代码,atob 是解密函数名。解密函数如果不是系统自带的,还需要把解密函数一起放入代码中。需要生成 CallExpression,callee 为解密函数名,参数为加密后的字符串常量,赋值给 decryptFunc。

(6) 构建 eval(atob('xxxx'))形式的代码,需要生成 CallExpression,callee 为 eval,参数为上一步生成的 decryptFunc,最后用 expressionStatement 包裹。

(7) 当函数中所有语句处理完后,构建新的 BlockStatement 替换原有的即可。

代码逐行加密的方案不建议大规模应用,会导致标志太明显。可以只隐藏其中几句代码或某些变量的关键赋值位置。自动化处理过程中无法知道一段代码是否为关键代码,除非用户在代码中加入标记,表示要隐藏哪几句代码。这个标记可以是注释,例如,可以在原始代码中某一句代码后面加入注释 Base64Encrypt。解析以下节点,查看发生的变化:

```
str = str.replace(/yyyy|YYYY/, this.getFullYear()); //Base64Encrypt

Node {
    type: 'ExpressionStatement',
    ...
    expression: Node {
        type: 'AssignmentExpression',
        ...
        operator: '=',
        left: Node { type: 'Identifier', ... name: 'str'},
        right: Node {type: 'CallExpression', ... }
    },
    trailingComments: [{
            type: 'CommentLine',
            value: 'Base64Encrypt',
            ...
        }
    ]
}
```

从上述结构中可以看出,生成了一个 trailingComments 节点,它是行尾注释。因此只要在逐行解析代码时,添加判断语句,如果有注释且为 Base64Encrypt,就进行加密,如下所示:

```
...
if(t.isReturnStatement(v)) return v;
if(!(v.trailingComments && v.trailingComments[0].value == 'Base64Encrypt')) return v;
delete v.trailingComments;
```

```
    let code = generator(v).code;
    ...
/*
    Date.prototype.format = function (formatStr) {
      var str = formatStr;
      var Week = ['日','一','二','三','四','五','六'];
      eval(atob("c3RyID0gc3RyLnJlcGxhY2UoL3l5eXl8WVlZWS8sIHRoaXMuZ2V0RnVsbFllYXIoKSk7"));
      //Base64Encrypt
      ...
      return str;
    };
    console.log(new Date().format('yyyy-MM-dd'));
*/
```

delete 是 JS 自带的,用来删除对象属性,加密之前把注释删掉。使用 JS 自带的 delete 而不是 path.remove,是因为 v 和 v.trailingComments 都是 Node 对象,不是 Path 对象。

视频讲解

9.3.3 代码的逐行 ASCII 码混淆

这种方案的原理与代码的逐行加密没有太大差别,只不过去掉了字符串加密函数,改用 charCodeAt 将字符串转到 ASCII 码,把解密函数换成 String.fromCharCode,最后使用 eval 函数来执行字符串代码。具体实现代码如下:

```
traverse(ast, {
    FunctionExpression(path){
        let blockStatement = path.node.body;
        let Statements = blockStatement.body.map(function(v){
            if(t.isReturnStatement(v)) return v;
            if(!(v.trailingComments && v.trailingComments[0].value == 'ASCIIEncrypt')) return v;
            delete v.trailingComments;
            let code = generator(v).code;
            let codeAscii = [].map.call(code, function(v){
                return t.numericLiteral(v.charCodeAt(0));
            });
            let decryptFuncName = t.memberExpression(t.identifier('String'), t.identifier('fromCharCode'));
            let decryptFunc = t.callExpression(decryptFuncName, codeAscii);
            return t.expressionStatement( t.callExpression(t.identifier('eval'), [decryptFunc]));
        });
        path.get('body').replaceWith(t.blockStatement(Statements));
    }
});

/*
```

```
    Date.prototype.format = function (formatStr) {
        eval(String.fromCharCode(118, 97, 114, 32, 115, 116, 114, 32, 61, 32, 102, 111, 114,
109, 97, 116, 83, 116, 114, 59));
        //ASCIIEncrypt
        var Week = ['日','一','二','三','四','五','六'];
        ...
        return str;
    };
    console.log(new Date().format('yyyy-MM-dd'));
*/
```

字符串在 JS 中也是数组，不过是只读的。但是它不能直接调用数组的 map，所以上述代码中用 [].map.call 来间接调用，作用是一样的。把字符串中的每个成员转成 ASCII 码之后，用 NumericLiteral 节点来包裹，然后生成一个 MemberExpression 节点，String.fromCharCode 作为解密函数名。

不管是代码逐行加密还是代码逐行 ASCII 混淆，都要在标识符混淆之后。由此可见，在做标识符混淆时，应该处理原始代码中的 eval 和 Function。

9.4 完整的代码与处理后的效果

本章前三节介绍了多种混淆方案的实现方式。其中有些方案联合使用时，需要修改部分代码，本节介绍完整的代码以及完整处理后的效果。

视频讲解

```
const parser = require("@babel/parser");
const traverse = require("@babel/traverse").default;
const t = require("@babel/types");
const generator = require("@babel/generator").default;
const fs = require('fs');

//把混淆方案的相关实现方法封装成类
function ConfoundUtils(ast, encryptFunc){
    this.ast = ast;
    this.bigArr = [];
    //接收传进来的函数，用于字符串加密
    this.encryptFunc = encryptFunc;
}
//改变对象属性访问方式，console.log 改为 console["log"]
ConfoundUtils.prototype.changeAccessMode = function (){
    traverse(this.ast, {
        MemberExpression(path){
            if(t.isIdentifier(path.node.property)){
                let name = path.node.property.name;
                path.node.property = t.stringLiteral(name);
            }
            path.node.computed = true;
        },
```

```javascript
        });
    }
    //标准内置对象的处理
    ConfoundUtils.prototype.changeBuiltinObjects = function (){
        traverse(this.ast, {
            Identifier(path){
                let name = path.node.name;
              if('eval|parseInt|encodeURIComponent|Object|Function|Boolean|Number|Math|Date|String|RegExp|Array'.indexOf(name) != -1){
                    path.replaceWith(t.memberExpression(t.identifier('window'),
t.stringLiteral(name), true));
                }
            }
        });
    }
    //数值常量加密
    ConfoundUtils.prototype.numericEncrypt = function (){
        traverse(this.ast, {
            NumericLiteral(path){
                let value = path.node.value;
                let key = parseInt(Math.random() * (999999 - 100000) + 100000, 10);
                let cipherNum = value ^ key;
                path.replaceWith(t.binaryExpression('^',
                                                   t.numericLiteral(cipherNum),
                                                   t.numericLiteral(key)));
                path.skip();
            }
        });
    }
    //字符串加密与数组混淆
    ConfoundUtils.prototype.arrayConfound = function (){
        let bigArr = [];
        let encryptFunc = this.encryptFunc;
        traverse(this.ast, {
            StringLiteral(path){
                let bigArrIndex = bigArr.indexOf(encryptFunc(path.node.value));
                let index = bigArrIndex;
                if(bigArrIndex == -1){
                    let length = bigArr.push(encryptFunc(path.node.value));
                    index = length - 1;
                }
                let encStr = t.callExpression(
                    t.identifier('atob'),
                    [t.memberExpression(t.identifier('arr'),
                    t.numericLiteral(index), true)]);
                path.replaceWith(encStr);
            }
        });
        bigArr = bigArr.map(function(v){
```

```javascript
        return t.stringLiteral(v);
    });
    this.bigArr = bigArr;
}
//数组乱序
ConfoundUtils.prototype.arrayShuffle = function (){
    (function(myArr, num){
        var xiaojianbang = function(nums){
            while(--nums){
                myArr.unshift(myArr.pop());
            }
        };
        xiaojianbang(++num);
    }(this.bigArr, 0x10));
}
//二项式转函数花指令
ConfoundUtils.prototype.binaryToFunc = function (){
    traverse(this.ast, {
        BinaryExpression(path){
            let operator = path.node.operator;
            let left = path.node.left;
            let right = path.node.right;
            let a = t.identifier('a');
            let b = t.identifier('b');
            let funcNameIdentifier = path.scope.generateUidIdentifier('xxx');
            let func = t.functionDeclaration(
                funcNameIdentifier,
                [a, b],
                t.blockStatement([t.returnStatement(
                    t.binaryExpression(operator, a, b)
                )]));
            let BlockStatement = path.findParent(
                    function(p){return p.isBlockStatement()});
            BlockStatement.node.body.unshift(func);
            path.replaceWith(t.callExpression(
                    funcNameIdentifier, [left, right]));
        }
    });
}
//十六进制字符串
ConfoundUtils.prototype.stringToHex = function (){
    function hexEnc(code){
        for (var hexStr = [], i = 0, s; i < code.length; i++){
            s = code.charCodeAt(i).toString(16);
            hexStr += "\\x" + s;
        }
        return hexStr
    }
    traverse(this.ast,{
```

```javascript
            MemberExpression(path){
                if(t.isIdentifier(path.node.property)){
                    let name = path.node.property.name;
                    path.node.property = t.stringLiteral(hexEnc(name));
                }
                path.node.computed = true;
            }
        });
    }
    //标识符混淆
    ConfoundUtils.prototype.renameIdentifier = function (){
        //标识符混淆之前先转成代码再解析,确保新生成的一些节点被解析到
        let code = generator(this.ast).code;
        let newAst = parser.parse(code);
        //生成标识符
        function generatorIdentifier(decNum){
            let arr = ['O', 'o', '0'];
            let retval = [];
            while(decNum > 0){
                retval.push(decNum % 3);
                decNum = parseInt(decNum / 3);
            }
            let Identifier = retval.reverse().map(function(v){
                return arr[v]
            }).join('');
            Identifier.length < 6 ? (Identifier = ('OOOOOO' + Identifier).substr(-6)):
            Identifier[0] == '0' && (Identifier = 'O' + Identifier);
            return Identifier;
        }
        function renameOwnBinding(path){
            let OwnBindingObj = {}, globalBindingObj = {}, i = 0;
            path.traverse({
                Identifier(p){
                    let name = p.node.name;
                    let binding = p.scope.getOwnBinding(name);
                    binding && generator(binding.scope.block).code == path + '' ?
                    (OwnBindingObj[name] = binding) : (globalBindingObj[name] = 1);
                }
            });
            for(let oldName in OwnBindingObj){
                do{
                    var newName = generatorIdentifier(i++);
                }while(globalBindingObj[newName]);
                OwnBindingObj[oldName].scope.rename(oldName, newName);
            }
        }
        traverse(newAst, {
            'Program|FunctionExpression|FunctionDeclaration'(path) {
                renameOwnBinding(path);
```

```javascript
        }
    });
    this.ast = newAst;
}
//指定代码行加密
ConfoundUtils.prototype.appointedCodeLineEncrypt = function (){
    traverse(this.ast, {
        FunctionExpression(path){
            let blockStatement = path.node.body;
            let Statements = blockStatement.body.map(function(v){
                if(t.isReturnStatement(v)) return v;
                if(!(v.trailingComments && v.trailingComments[0].value == 'Base64Encrypt'
)) return v;
                delete v.trailingComments;
                let code = generator(v).code;
                let cipherText = base64Encode(code);
                let decryptFunc = t.callExpression(t.identifier('atob'),
                        [t.stringLiteral(cipherText)]);
                return t.expressionStatement(
                        t.callExpression(t.identifier('eval'), [decryptFunc]));
            });
            path.get('body').replaceWith(t.blockStatement(Statements));
        }
    });
}
//指定代码行 ASCII 码混淆
ConfoundUtils.prototype.appointedCodeLineAscii = function (){
    traverse(this.ast, {
        FunctionExpression(path){
            let blockStatement = path.node.body;
            let Statements = blockStatement.body.map(function(v){
                if(t.isReturnStatement(v)) return v;
                if(!(v.trailingComments && v.trailingComments[0].value == 'ASCIIEncrypt'))
return v;
                delete v.trailingComments;
                let code = generator(v).code;
                let codeAscii = [].map.call(code, function(v){
                    return t.numericLiteral(v.charCodeAt(0));
                })
                let decryptFuncName = t.memberExpression(
                        t.identifier('String'), t.identifier('fromCharCode'));
                let decryptFunc = t.callExpression(decryptFuncName, codeAscii);
                return t.expressionStatement(
                        t.callExpression(t.identifier('eval'),[decryptFunc]));
            });
            path.get('body').replaceWith(t.blockStatement(Statements));
        }
    });
}
```

```javascript
//构建数组声明语句,加入到 ast 最前面
ConfoundUtils.prototype.unshiftArrayDeclaration = function(){
    this.bigArr = t.variableDeclarator(t.identifier('arr'), t.arrayExpression(this.bigArr));
    this.bigArr = t.variableDeclaration('var', [this.bigArr]);
    this.ast.program.body.unshift(this.bigArr);
}
//拼接两个 ast 的 body 部分
ConfoundUtils.prototype.astConcatUnshift = function(ast){
    this.ast.program.body.unshift(ast);
}
ConfoundUtils.prototype.getAst = function(){
    return this.ast;
}
//Base64 编码
function base64Encode(e) {
    var r, a, c, h, o, t, base64EncodeChars =
'ABCDEFGHIJKLMNOPQRSTUVWXYZabcdefghijklmnopqrstuvwxyz0123456789 + /';
    for (c = e.length, a = 0, r = ''; a < c;) {
        if (h = 255 & e.charCodeAt(a++), a == c) {
            r += base64EncodeChars.charAt(h >> 2),
            r += base64EncodeChars.charAt((3 & h) << 4),
            r += '==';
            break
        }
        if (o = e.charCodeAt(a++), a == c) {
            r += base64EncodeChars.charAt(h >> 2),
            r += base64EncodeChars.charAt((3 & h) << 4 | (240 & o) >> 4),
            r += base64EncodeChars.charAt((15 & o) << 2),
            r += '=';
            break
        }
        t = e.charCodeAt(a++),
        r += base64EncodeChars.charAt(h >> 2),
        r += base64EncodeChars.charAt((3 & h) << 4 | (240 & o) >> 4),
        r += base64EncodeChars.charAt((15 & o) << 2 | (192 & t) >> 6),
        r += base64EncodeChars.charAt(63 & t)
    }
    return r
}
function main(){
    //读取要混淆的代码
    const jscode = fs.readFileSync("./demo.js", {
        encoding: "utf-8"
    });
    //读取还原数组乱序的代码
    const jscodeFront = fs.readFileSync("./demoFront.js", {
        encoding: "utf-8"
    });
```

```javascript
    //把要混淆的代码解析成 ast
    let ast = parser.parse(jscode);
    //把还原数组乱序的代码解析成 astFront
    let astFront = parser.parse(jscodeFront);
    //初始化类,传递自定义的加密函数进去
    let confoundAst = new ConfoundUtils(ast, base64Encode);
    let confoundAstFront = new ConfoundUtils(astFront);
    //改变对象属性访问方式
    confoundAst.changeAccessMode();
    //标准内置对象的处理
    confoundAst.changeBuiltinObjects();
    //二项式转函数花指令
    confoundAst.binaryToFunc()
    //字符串加密与数组混淆
    confoundAst.arrayConfound();
    //数组乱序
    confoundAst.arrayShuffle();

    //还原数组顺序代码,改变对象属性访问方式,对其中的字符串进行十六进制编码
    confoundAstFront.stringToHex();
    astFront = confoundAstFront.getAst();
    //先把还原数组顺序的代码,加入到被混淆代码的 ast 中
    confoundAst.astConcatUnshift(astFront.program.body[0]);

    //再生成数组声明语句,并加入到被混淆代码的最开始处
    confoundAst.unshiftArrayDeclaration();
    //标识符重命名
    confoundAst.renameIdentifier();
    //指定代码行的混淆,需要放到标识符混淆之后
    confoundAst.appointedCodeLineEncrypt();
    confoundAst.appointedCodeLineAscii();
    //数值常量混淆
    confoundAst.numericEncrypt();
    ast = confoundAst.getAst();
    //ast 转为代码
    code = generator(ast).code;
    //混淆的代码中,如果有十六进制字符串加密,ast 转成代码以后会有多余的转义字符,需要替换掉
    code = code.replace(/\\\\x/g,'\\x');
    console.log(code);
}
main();
```

对上述代码进行以下三点说明。

(1) demo.js 中存放的代码用来测试混淆方案,代码为原始代码。

(2) demoFront.js 中存放的代码用于还原数组顺序,代码在 9.2.4 节中。

(3) 如果不使用浏览器自带的 atob 作为解密函数,就需要实现对应的 Base64 解码函数,然后与还原数组顺序的代码一起加入。

用上述代码处理原始代码,输出结果为:

```
var 000000 = ["Zm9ybWF0", "5Q==", "AA==", "jA==", "CQ==", "2w==", ...];
(function (000000, 000000o) {
    var 000000 = function (000000o) {
        while (--000000o) {
            000000["\x70\x75\x73\x68"](000000["\x73\x68\x69\x66\x74"]());
        }
    };
    000000(++000000o);
})(000000, 450413 ^ 450429);
window[atob(000000[409086 ^ 409086])][atob(000000[221471 ^ 221470])][atob(000000[844722 ^ 844720])] = function (000000o) {
    function 000o0o(000000, 000000o) {
        return 000000 + 000000o;
    }
    function 000o00(000000, 000000o) {
        return 000000 > 000000o;
    }
    function 000000(000000, 000000o) {
        return 000000 + 000000o;
    }
    function 00000o(000000, 000000o) {
        return 000000 + 000000o;
    }
    function 000000(000000, 000000o) {
        return 000000 + 000000o;
    }
    function 0000o0(000000, 000000o) {
        return 000000 + 000000o;
    }
    function 00000oo(000000, 000000o) {
        return 000000 > 000000o;
    }
    eval(String.fromCharCode(425871 ^ 425977, 118436 ^ 118469, ...));
    var 0000o0 = [atob(000000[346952 ^ 346955]), atob(000000[468233 ^ 468237]), ...];
    eval(atob("T09PT08wID0gT09PT08wW2F0b2IoT09PT09PWzEwXSldKC95eXl ... "));

    000000 = 000000[atob(000000[307479 ^ 307485])](/MM/, 0000oo(0000o0(this[atob(000000[416357 ^ 416361])](), 139472 ^ 139473), 765252 ^ 765261) ? 000000(this[atob(000000[427063 ^ 427067])](), 696913 ^ 696912)[atob(000000[228455 ^ 228458])]() : 00000o(atob(000000[736284 ^ 736274]), 000000(this[atob(000000[367113 ^ 367109])](), 387104 ^ 387105)));

    000000 = 000000[atob(000000[543343 ^ 543333])](/dd|DD/, 000o00(this[atob(000000[123603 ^ 123612])](), 826697 ^ 826688) ? this[atob(000000[397862 ^ 397865])]()[atob(000000[354736 ^ 354749])]() : 000o0o(atob(000000[837968 ^ 837982]), this[atob(000000[177606 ^ 177609])]()));

    return 000000;
```

```
};
console[atob(000000[275638 ^ 275622])](new window[atob(000000[465231 ^ 465231])]()[atob
(000000[325132 ^ 325134])](atob(000000[563198 ^ 563183])));
```

9.5 代码执行逻辑的混淆

9.5.1 实现流程平坦化

视频讲解

本节采用6.3.1节的方案来实现流程平坦化,把以下代码放到 AST Explorer 网站中解析,对照网站来实现相应的流程平坦化,如下所示:

```
Date.prototype.format = function (formatStr) {
    let _array = "0|1|4|5|3|2".split("|"),
        _index = 0;
    while (!![]) {
        switch (+_array[_index++]){
            case 0:
                var str = formatStr;
                continue;
            case 1:
                var Week = ['日', '一', '二', '三', '四', '五', '六'];
                continue;
            case 2:
                return str;
                continue;
            case 3:
                str = str.replace(/dd|DD/, this.getDate() > 9 ? this.getDate().toString() :
'0' + this.getDate());
                continue;
            case 4:
                str = str.replace(/yyyy|YYYY/, this.getFullYear());
                continue;
            case 5:
                str = str.replace(/MM/, this.getMonth() + 1 > 9 ? (this.getMonth() + 1).
toString() : '0' + (this.getMonth() + 1));
                continue;
        }
        break;
    }
};
console.log(new Date().format('yyyy-MM-dd'));
```

因为采用的是一行语句对应一条 case 的方案,所以需要先获取每一行语句,处理方法与之前介绍的代码逐行混淆一致。遍历 FunctionExpression 节点,获取 path.node.body 即 BlockStatement。该节点的 body 属性是一个数组,通过 map 遍历数组,即可操作其中的每一行语句。代码如下:

```
traverse(ast, {
    FunctionExpression(path){
        let blockStatement = path.node.body;
        let Statements = blockStatement.body.map(function(v, i){
            return {index: i, value: v};
        });
    }});
```

在流程平坦化的混淆中,要打乱原先的语句顺序,但是在执行时又要按原先的顺序执行,因此在打乱语句顺序之前,要对原先的语句顺序做映射。从上述代码中可以看出,采用{index: i, value: v}这种方式来做映射。index 是语句在 blockStatement.body 中的索引,也就是原先的顺序。value 是语句本身。有了对应的关系后,就可以方便地建立分发器,来控制代码在执行时跳转到正确的 case 语句块。

接着要打乱语句顺序,算法很简单,遍历数组每一个成员,每一次循环随机取出一个索引为 j 的成员,与索引为 i 的成员进行交换。代码如下:

```
//打乱语句顺序
let i = Statements.length;
while(i){
    let j = Math.floor(Math.random() * i--);
    [Statements[j], Statements[i]] = [Statements[i], Statements[j]];
}
```

接着构建 case 语句块,在 AST 中它的类型为 SwitchCase。下面介绍 SwitchCase 的结构:

```
{
  type: 'SwitchCase',
  test: { type: 'NumericLiteral', value: 5 },
  consequent: [
    Node { ... },
    { type: 'ContinueStatement', label: null }
  ]
}
```

test 是 case 后的值,consequent 是一个数组,存放 case 语句块中具体的语句,所以 case 语句块的生成很容易。遍历打乱顺序后的语句数组 Statements。SwitchCase 中的 test 用从 0 开始递增的 NumericLiteral,consequent 存放两条语句,一条是原始代码中的语句,另一条是 continue 语句。最后把包装好的 SwitchCase 放入 cases 数组中。实现代码如下:

```
let cases = [];
Statements.map(function(v, i){
    let switchCase = t.switchCase(t.numericLiteral(i), [v.value, t.continueStatement()]);
    cases.push(switchCase);
});
```

为了控制 switch 每一次都跳转到正确的 case 语句块上，需要构建分发器。分发器中的"0|1|4|5|3|2"来源于之前做的映射。调整上面用来生成 case 语句块的代码，改为如下形式：

```
let dispenserArr = [];
let cases = [];
Statements.map(function(v, i){
    dispenserArr[v.index] = i;
    let switchCase = t.switchCase(t.numericLiteral(i), [v.value, t.continueStatement()]);
    cases.push(switchCase);
});
let dispenserStr = dispenserArr.join('|');
```

这段代码又定义了一个数组 dispenserArr，并且该数组在最后使用 join，以"|"作为连接符连接数组所有成员。可以看出，dispenserStr 就是分发器中的"0|1|4|5|3|2"，而014532是代码执行的真实顺序，因此 dispenserArr 中的成员应当是 case 后面的值。假设 case 后面的值是 5，即 i 为 5，再取出当前语句的真实索引 v.index，假设它是 3，也就是原始代码中该语句是第 4 行语句（数组从 0 开始）。那么就把 dispenserArr 中索引为 3 的成员改为 5。对应上述代码中的 dispenserArr[v.index]=i，即可生成分发器中的字符串。

核心部分已经介绍完毕，接下来用 types 组件生成节点。完整的代码如下：

```
traverse(ast, {
    FunctionExpression(path){
        let blockStatement = path.node.body;
        //逐行提取语句,按原先的语句顺序建立索引,包装成对象
        let Statements = blockStatement.body.map(function(v, i){
            return {index: i, value: v};
        });
        //打乱语句顺序
        let i = Statements.length;
        while(i){
            let j = Math.floor(Math.random() * i--);
            [Statements[j], Statements[i]] = [Statements[i], Statements[j]];
        }
        //构建分发器,创建 switchCase 数组
        let dispenserArr = [];
        let cases = [];
        Statements.map(function(v, i){
            dispenserArr[v.index] = i;
            let switchCase = t.switchCase(t.numericLiteral(i), [v.value, t.continueStatement()]);
            cases.push(switchCase);
        });
        let dispenserStr = dispenserArr.join('|');
         //生成_array 和_index 标识符,利用 BabelAPI 保证不重名
        let array = path.scope.generateUidIdentifier('array');
        let index = path.scope.generateUidIdentifier('index');
```

```js
        //生成'...'.split,这是一个成员表达式
        let callee = t.memberExpression(t.stringLiteral(dispenserStr), t.identifier('split'));
        //生成split('|')
        let arrayInit = t.callExpression(callee, [t.stringLiteral('|')]);
        //_array和_index放入声明语句中,_index初始化为0
        let varArray = t.variableDeclarator(array, arrayInit);
        let varIndex = t.variableDeclarator(index, t.numericLiteral(0));
        let dispenser = t.variableDeclaration('let',[varArray, varIndex]);
        //生成switch中的表达式 +_array[_index++]
        let updExp = t.updateExpression('++', index);
        let memExp = t.memberExpression(array, updExp, true);
        let discriminant = t.unaryExpression(" + ", memExp);
        //构建整个switch语句
        let switchSta = t.switchStatement(discriminant, cases);
        //生成while循环中的条件!![]
        let unaExp = t.unaryExpression("!", t.arrayExpression());
        unaExp = t.unaryExpression("!", unaExp);
        //生成整个while循环
          let whileSta = t.whileStatement ( unaExp, t.blockStatement ([ switchSta, t.breakStatement()])));
        //用分发器和while循环来构建blockStatement,替换原有节点
        path.get('body').replaceWith(t.blockStatement([dispenser, whileSta]));

    }
});


/*输出结果
    Date.prototype.format = function (formatStr) {
        let _array = "3|0|4|1|5|2".split("|"),
        _index = 0;
        while (!![]) {
            switch ( + _array[_index++]) {
            case 0:
                var Week = ['日', '一', '二', '三', '四', '五', '六'];
                continue;
            case 1:
                str = str.replace(/MM/, this.getMonth() + 1 > 9 ? (this.getMonth() + 1).toString() : '0' + (this.getMonth() + 1));
                continue;
            case 2:
                return str;
                continue;
            case 3:
                var str = formatStr;
                continue;
            case 4:
                str = str.replace(/yyyy|YYYY/, this.getFullYear());
                continue;
```

```
                case 5:
                    str = str.replace(/dd|DD/, this.getDate() > 9 ? this.getDate().toString() 
: '0' + this.getDate());
                    continue;
                }
                break;
            }
        };
        console.log(new Date().format('yyyy-MM-dd'));
*/
```

对上述代码做以下 3 点说明：

（1）为了便于理解，代码没有使用其他混淆方案。但在实际使用中，该混淆方案必须和之前介绍的其他混淆方案配合使用，才能加强混淆效果。例如，case 后面跟的值可以用数值常量加密（在 JS 中 case 后面可以跟一个表达式，而不仅是数值或字符），分发器中的字符串可以用字符串加密，然后一起提取到大数组中。对于原始代码部分，可以进行生成花指令、逐行加密等各种操作。

（2）switch 中的表达式为+_array[_index++]，最前面的加号代表强转成数值类型，因为分发器中它是字符串类型。虽然 JS 是一门弱类型的语言，解释器会在适当的时机完成类型的自动转换，但是在 case 中，全等（===）的匹配不会自动转换类型。

（3）由于语句顺序被打乱，因此生成的语句顺序每一次都是不同的。在测试时，并不一定与上述顺序相同。

9.5.2　实现逗号表达式混淆

视频讲解

逗号表达式混淆的核心，是用逗号连接多个表达式。但是有一些语句在连接时，需要进行特别处理。

1. 声明语句之间的连接

示例代码如下：

```
var a = 100;
var b = 200;
// var a = 100, b = 200;
// var a = 100, var b = 200; 不能这样操作
```

可以看出，如果要连接两个声明语句，需要取出 VariableDeclaration 中的 declarations 数组，该数组里是声明语句中定义的变量，然后将它处理成一条声明语句。这里最方便的处理方式是把所有的标识符声明都提取到参数中。

2. 普通语句与 return 语句连接

示例代码如下：

```
function test(a){
    a = a + 100;
```

```
    return a;
}
/*
    function test(a){
        return a = a + 100,
        a;
        // a = a + 100, return a; 不能这样操作
    }
*/
```

可以看出,普通语句与 return 语句连接时,需要提取出 return 语句的 argument 部分,然后重新构建 return 节点,把整个逗号表达式作为 argument 部分。

接着介绍如何把函数中所有声明的变量提取到参数列表中,实现代码如下:

```
traverse(ast, {
    FunctionExpression(path){
        let blockStatement = path.node.body;
        let blockStatementLength = blockStatement.body.length;
        if(blockStatementLength < 2) return;
        //把所有声明的变量提取到参数列表中
        path.traverse({
            VariableDeclaration(p){
                declarations = p.node.declarations;
                let statements = [];
                declarations.map(function(v){
                    path.node.params.push(v.id);
                    v.init && statements.push(t.assignmentExpression('=', v.id, v.init));
                });
                p.replaceInline(statements);
            }
        });
    }
});
```

遍历 FunctionExpression 节点,取出 blockStatement.body 节点,该节点里存放函数体中所有的语句。如果语句少于两条,就不做任何处理。接着,遍历当前函数下所有的 VariableDeclaration 节点,其中 declarations 数组为声明的具体变量。然后通过 map 遍历整个数组,通过 path.node.params.push(v.id) 将变量提取到函数的参数列表中。要考虑两种情况:变量没有初始化,那么它不加入到 statements 数组中,最后替换节点时相当于被移除;变量初始化,那么就将 VariableDeclarator 改为赋值语句。

有时候会在函数体中的语句外面包裹一层 ExpressionStatement 节点,这会影响语句类型的判断。所以先把这类语句外层的 ExpressionStatement 节点去掉,代码如下:

```
let firstSta = blockStatement.body[0], i = 1;
while(i < blockStatementLength){
    let tempSta = blockStatement.body[i++];
    t.isExpressionStatement(tempSta) ?
                    secondSta = tempSta.expression : secondSta = tempSta;
}
```

首先取出函数体中的第一条语句，并且定义一个初始值为1的计数器i。接着对函数体中的其他语句进行循环，取出来的语句先赋值给 tempSta，然后判断是否为 ExpressionStatement 节点。如果是，就取出 expression 属性赋值给 secondSta，否则直接赋值给 secondSta。

然后要把这两个语句改为逗号表达式，可以使用 toSequenceExpression 来完成。对于不同的语句，需要使用不同的处理方案。本节只处理其中的赋值语句和函数调用语句，返回语句也需要处理，如下所示：

```
//处理返回语句
if(t.isReturnStatement(secondSta)){
    firstSta = t.returnStatement(
               t.toSequenceExpression([firstSta, secondSta.argument]));
//处理赋值语句
}else if(t.isAssignmentExpression(secondSta)){
    secondSta.right = t.toSequenceExpression([firstSta, secondSta.right]);
    firstSta = secondSta;
}else{
    firstSta = t.toSequenceExpression([firstSta, secondSta]);
}
```

首先介绍这段代码中的赋值语句的处理方法。判断语句如果是赋值表达式，就取出其中的 right 节点，与 firstSta 组成逗号表达式后，再替换原有的 right 节点，最后把 secondSta 赋值给 firstSta，进行后续的语句处理。接着介绍返回语句，取出其中的 argument 节点，与 firstSta 组成逗号表达式后，重新生成一个 returnStatement 节点。到这一步就可以跳出循环，因为后续即使再有语句，也不会被执行到。如果既不是返回语句，也不是赋值语句，那么就直接将 firstSta 与 secondSta 组成逗号表达式，这是一种最没有混淆力度的组成方式。

最后再处理函数调用表达式。在原始代码中，str.replace(…)可以处理成（firstSta, str).replace(…)或者(firstSta, str.replace)(…)，本节来实现第一种情况，如下所示：

```
if(t.isCallExpression(secondSta.right)){
    let callee = secondSta.right.callee;
    callee.object = t.toSequenceExpression([firstSta, callee.object]);
    firstSta = secondSta;
}
```

这段代码中，赋值语句的右边是函数调用表达式。取出函数名 callee，str.replace(…) 的函数名为 str.replace。这是一个 MemberExpression 节点。接着取出 object 部分，即将 str 与 firstSta 组成逗号表达式，再替换掉原先的 object 节点。

下面展示完整的处理代码：

```
traverse(ast, {
    FunctionExpression(path){
        let blockStatement = path.node.body;
        let blockStatementLength = blockStatement.body.length;
        if(blockStatementLength < 2) return;
```

```javascript
        //把所有声明的变量提取到参数列表中
        path.traverse({
            VariableDeclaration(p){
                declarations = p.node.declarations;
                let statements = [];
                declarations.map(function(v){
                    path.node.params.push(v.id);
                    v.init && statements.push(t.assignmentExpression('=', v.id, v.init));
                });
                p.replaceInline(statements);
            }
        });
        //处理赋值语句、返回语句和函数调用语句
        let firstSta = blockStatement.body[0], i = 1;
        while(i < blockStatementLength){
            let tempSta = blockStatement.body[i++];
            t.isExpressionStatement(tempSta) ?
                secondSta = tempSta.expression : secondSta = tempSta;
            //处理返回语句
            if(t.isReturnStatement(secondSta)){
                firstSta = t.returnStatement(
                    t.toSequenceExpression([firstSta, secondSta.argument]));
            //处理赋值语句
            }else if(t.isAssignmentExpression(secondSta)){
                if(t.isCallExpression(secondSta.right)){
                    let callee = secondSta.right.callee;
                    callee.object = t.toSequenceExpression([firstSta, callee.object]);
                    firstSta = secondSta;
                }else{
                    secondSta.right = t.toSequenceExpression([firstSta, secondSta.right]);
                    firstSta = secondSta;
                }
            }else{
                firstSta = t.toSequenceExpression([firstSta, secondSta]);
            }
        }
        path.get('body').replaceWith(t.blockStatement([firstSta]));
    }
});

/*输出结果
    Date.prototype.format = function (formatStr, str, Week) {
      return str = (str = (str = (Week = (str = formatStr, ['日', '一', '二', '三', '四',
'五', '六']), str).replace(/yyyy|YYYY/, this.getFullYear()), str).replace(/MM/, this.getMonth
() + 1 > 9 ? (this.getMonth() + 1).toString() : '0' + (this.getMonth() + 1)), str).replace
(/dd|DD/, this.getDate() > 9 ? this.getDate().toString() : '0' + this.getDate()), str;
    };
    console.log(new Date().format('yyyy-MM-dd'));
*/
```

这段代码只适用于原始代码的案例，实际应用中，还需要考虑更多情况。可以看出，逗号表达式混淆的实现是比较复杂的，但是逗号表达式的还原很容易处理。后续章节会给出相应的还原方案。

9.5 小结

本章介绍了很多混淆的实现方案，这些方案之间需要配合使用才能达到更好的混淆效果。但是在配合使用的过程中，有些方案需要注意顺序，如代码逐行加密，由于会把代码中的标识符一起加密，所以需要放在标识符混淆之后；有些方案不需要注意顺序，如数值常量混淆。在代码执行逻辑的混淆中，流程平坦化的实现方案也有很多种，大体原理差不多。

此外，本章不少小节只写了FunctionExpression的情况，FunctionDeclaration的处理方法也是一样的。

9.6 习题

1. 使用Babel的API，将c(d)转换为以下形式：

```
function xxx(a, b){
    return a(b);
}
xxx(c, d);
```

2. 本章介绍的字符串加密方案使用Base64编码，在解密时使用浏览器自带的atob方法。请实现一个Base64解码函数，来替换方案中的atob方法。
3. 完善本章中逗号表达式混淆的实现代码，使它能够更好地处理以下代码中的test。

```
var obj = {
    name: 'xiaojianbang',
    add: function (a, b){
        return a + b;
    }
};
function sub(a, b) {
    return a - b;
}
function test() {
    var a = 1000;
    var b = sub(a, 3000) + 1;
    var c = b + obj.add(b, 2000);
    return c + obj.name;
}
//将test处理成以下形式
function test(a, b, c) {
    return c = (b = (a = 1000, sub)(a, 3000) + 1, b + (0, obj).add(b, 2000)), c + (0, obj).name;
}
```

第10章

AST自动化JS还原方案

本章着重讲述 JavaScript(以下简称 JS)还原方案的代码实现。本章只讲述一部分的代码还原方案,更多还原方案将在下一章的实战案例中介绍。同时,本章还会介绍 Chrome 扩展、JS Hook 等前沿技术。

10.1 常用还原方案

10.1.1 还原数值常量加密

在 9.4 节混淆后的代码中,可以看到有以下代码。

```
...
eval(String.fromCharCode(425871 ^ 425977, 118436 ^ 118469, ... ));
...
```

其中 String.fromCharCode 中的参数,就是之前做的数值常量加密混淆,那么如何还原呢?思路很简单,遍历 BinaryExpression 节点,取出 left 和 right。当 left 和 right 节点类型都为 NumericLiteral 时,才是要还原的节点。接着调用 path.evaluate 方法来计算节点的值,最后构造新的节点替换回去。实现还原的代码如下:

```
traverse(ast, {
    BinaryExpression(path){
        let left = path.node.left;
        let right = path.node.right;
        if(t.isNumericLiteral(left) && t.isNumericLiteral(right)){
            let {confident, value} = path.evaluate();
            confident && path.replaceWith(t.valueToNode(value));
```

```
            }
        }
    });
    /*
    ...
    eval(String.fromCharCode(118, 97, 114, 32, 79, 79, 79, 79, 79, 48, 32, 61, 32, 79, 79, 79, 79,
    79, 111, 59));
    ...
    */
```

path.evaluate 方法用来计算节点的值,返回一个对象。返回的对象中的 confident 是一个布尔值,它代表节点是否可计算出结果。

如果可以计算出结果,那么返回的对象中的 value 就存放该值。

10.1.2 还原代码加密与 ASCII 码混淆

代码经过 10.1.1 节处理后,可以看到代码中有一处进行了加密,还有一处进行了 ASCII 码混淆。具体代码如下:

```
eval(String.fromCharCode(118, 97, 114, 32, 79, 79, 79, 79, 79, 48, 32, 61, 32, 79, 79, 79, 79,
79, 111, 59));
...
eval(atob("T09PT08wID0gT09PT08wW2F0b2IoT09PT09PWzEwXSldKC95eXl5fFlZWVkvLC
B0aGlzW2F0b2IoT09PT09PWzExXSldKCkpOw=="));
```

现在要做的是将它们解密成明文代码。如果对代码进行加密或者 ASCII 码混淆,那么需要配合 eval 或者 Function 使用。Function 主要用来创建一个函数,所以代码中使用的是 eval。那么思路就来了,既然这两种混淆方式都需要使用 eval,那就可以一起处理。遍历 CallExpression 节点,判断该节点下的属性 callee.name 是否等于 eval,如果相等,那么就是需要处理的地方。eval 是用来执行字符串形式的代码的,它的参数是字符串,如果不是字符串,说明还需要经过计算才能得到字符串。因此,如果 eval 中的参数是 StringLiteral 节点,那么直接使用 types 组件的 identifier 让参数变成代码,然后替换整个 CallExpression 节点;如果不是 StringLiteral 节点,那么就用 generator 组件,将 CallExpression 的 arguments 节点转为字符串,接着使用 eval 来执行字符串代码,得到结果。实现还原的代码如下:

```
function atob(e) {
    ...
}
traverse(ast, {
    CallExpression(path){
        if(path.node.callee.name != 'eval') return;
        let arguments = path.node.arguments;
        let code = generator(arguments[0]).code;
        if(t.isStringLiteral(arguments)){
```

```
            path.replaceWith(t.identifier(code));
        }else{
            path.replaceWith(t.identifier(eval(code)));
        }
    }
});
/*
...
    var 000000 = 00000o;;    //ASCIIEncrypt
...
    000000 = 000000[atob(000000[10])](/yyyy|YYYY/, this[atob(000000[11])]());;    //Base64Encrypt
*/
```

注意,需要找到相应的解密函数,并且在定义时,名字要一致。例如上述代码中的 atob,它是浏览器中的 Base64 解密函数,并不能在文件中找到它的定义。因此需要在代码中自己实现,并且名字需要为 atob。

10.1.3 还原 unicode 与十六进制字符串

在前面章节中介绍过,JS 中的字符串可以表示成 unicode 形式或者十六进制形式,并且 JS 中的标识符也可以表示成 unicode 形式。在 Babel 中还原它们很容易对于标识符表示成 unicode 形式的情况,首先用 parser 组件解析,再用 generator 组件转成代码即可,generator 不需要指定任何选项。但如果是字符串表示成 unicode 形式或者十六进制形式的情况,就需要额外指定一些选项。以 6.1.3 节处理后的代码为例,实现还原的代码如下:

```
/*处理前的代码
Date.prototype.\u0066\u006f\u0072\u006d\u0061\u0074 = function(formatStr) {
    var \u0073\u0074\u0072 = \u0066\u006f\u0072\u006d\u0061\u0074\u0053\u0074\u0072;
    var Week = ['\u65e5', '\u4e00', '\u4e8c', '\u4e09', '\u56db', '\u4e94', '\u516d'];
...
}
console.log( new \u0077\u0069\u006e\u0064\u006f\u0077['\u0044\u0061\u0074\u0065']()
['format']('\x79\x79\x79\x79\x2d\x4d\x4d\x2d\x64\x64') );
*/
const jscode = fs.readFileSync("./demo.js", {
  encoding: "utf-8"
});
let ast = parser.parse(jscode);
let code = generator(ast, {minified: true, jsescOption: {minimal: true}}).code;
ast = parser.parse(code);
code = generator(ast).code;
console.log(code);
```

```
/* 处理后的代码
Date.prototype.format = function (formatStr) {
    var str = formatStr;
    var Week = ["日","一","二","三","四","五","六"];
    ...
};
console.log(new window["Date"]()["format"]("yyyy-MM-dd"));
*/
```

generator 的第二个参数有很多选项,可以在 vscode 中,按 Ctrl 键,然后单击 minified 跳转到 ts 文件中查看这些选项,里面还有很多注释来解释选项的作用。第一次使用 generator 时,就已经把代码还原了。第二次的 parse 和 generator 只是为了把代码格式化。

10.1.4 还原逗号表达式混淆

逗号表达式的还原相对于混淆的实现来说,要容易得多。以 6.3.2 节中的代码为例,代码如下:

```
function test2(a, b, c, d, e, f){
return f = (e = (d = (c = (b = (a = 1000, a + 50, b + 60, c + 70, a + 2000), d + 80, b + 3000), e + 90, c + 4000), f + 100 ,d + 5000), e + 6000);
}
console.log( test2() );
```

将这段代码中的(a=1000,a+50,b+60,c+70,a+2000)放在 AST Explorer 网站中解析,可以看到如下结构:

```
{   "type": "SequenceExpression",
    ...
    "expressions": [
        {"type": "AssignmentExpression"...},
        {"type": "BinaryExpression"...},
        {"type": "BinaryExpression"...},
        {"type": "BinaryExpression"...},
        {
          "type": "BinaryExpression",
          ...
          "left": {
              "type": "Identifier",
              ...
              "name": "a"
          },
          "operator": "+",
          "right": {
              "type": "NumericLiteral",
...
```

```
                "value": 2000
            }
        }
    ],
    ...}
```

可以看出,逗号表达式在 AST 的类型为 SequenceExpression,其中 expressions 节点就是逗号运算符连接的每一个表达式,expressions 数组中的最后一个成员就是逗号表达式整体返回的结果。实现还原的代码如下:

```
traverse(ast,{
    SequenceExpression: {
        exit(path){
            let expressions = path.node.expressions;
            let finalExpression = expressions.pop();
            let statement = path.getStatementParent();
            expressions.map(function(v){
                statement.insertBefore(t.ExpressionStatement(v));
            });
            path.replaceInline(finalExpression);
        }
    }
});
/*
function test2(a, b, c, d, e, f) {
  a = 1000;
  a + 50;
  b + 60;
  c + 70;
  b = a + 2000;
  d + 80;
  c = b + 3000;
  e + 90;
  d = c + 4000;
  f + 100;
  e = d + 5000;
  return f = e + 6000;
}
console.log(test2());
*/
```

这段代码遍历 SequenceExpression 节点,取出 expressions 数组,把该数组的最后一个成员赋值给 finalExpression,作为整个逗号表达式节点的返回结果。接着调用 path.getStatementParent 获取最近的父语句节点,在这里是 ReturnStatement 节点。然后把数组中的其他成员加入到该节点的前面,最后用 finalExpression 替换整个逗号表达式节点。推荐使用 exit 时处理,因为更符合手动还原时的逻辑。

也可以用上述代码处理 9.5.2 节中的逗号表达式混淆代码,最终输出代码如下:

```
/*
Date.prototype.format = function (formatStr, str, Week) {
    return str = (str = (str = (Week = (str = formatStr, ['日', '一', '二', '三', '四', '五','六
']), str).replace(/yyyy|YYYY/, this.getFullYear()), str).replace(/MM/, this.getMonth() + 1
 > 9 ? (this.getMonth() + 1).toString() : '0' + (this.getMonth() + 1)), str).replace(/dd|
DD/, this.getDate() > 9 ? this.getDate().toString() : '0' + this.getDate()), str;
    };
console.log(new Date().format('yyyy-MM-dd'));
*/

Date.prototype.format = function (formatStr, str, Week) {
    str = formatStr;
    Week = ['日', '一', '二', '三', '四', '五', '六'];
    str = str.replace(/yyyy|YYYY/, this.getFullYear());
    str = str.replace(/MM/, this.getMonth() + 1 > 9 ? (this.getMonth() + 1).toString() :
'0' + (this.getMonth() + 1));
    str = str.replace(/dd|DD/, this.getDate() > 9 ? this.getDate().toString() : '0' + this.
getDate());
    return str;
};
console.log(new Date().format('yyyy-MM-dd'));
```

10.2 Chrome 拓展开发入门

10.2.1 Chrome 拓展程序

Chrome 拓展程序可以扩展 Chrome 浏览器的功能，让开发者可以定制自己的浏览器。它工作在浏览器层面，主要使用 HTML 和 JS 进行开发，通过调用 Chrome 提供的 API 来实现下列 7 种功能：

（1）标签控制。

（2）书签控制。

（3）窗口控制。

（4）下载控制。

（5）请求控制。

（6）事件监听。

（7）网页修改。

例如，可以使用它来识别一个网站中的广告代码，当广告出现在网页上时，它可以自动删除。

如图 10-1 所示，如果要安装和管理 Chrome 拓展程序，可以在地址栏中输入"chrome://extensions"进行访问。选择"开发者模式"选项即可以文件夹的形式直接加载插件，否则只能安装 crx 格式的文件。

开发 Chrome 插件并没有太高的门槛，只需要保证在目录下有一个叫作 manifest.json 的文件。manifest.json 用来配置所有和插件相关的参数，虽然存在很多参数，但只有

图 10-1　管理安装 Chrome 拓展程序

manifest_version、name 和 version 这三个参数是必不可少的。下面介绍一些常见的 Chrome 配置项。

```
{
  "name": "插件示例",            //拓展插件名称
  "version": "2.0.0",           //拓展插件版本
  "description": "插件示例",     //拓展插件描述
  //请求的权限
  "permissions": [
"storage",                      //本地存储权限
"activeTab",                    //与当前页面交互的 API 权限
"tabs",                         //管理 Chrome 浏览器标签栏权限
"debugger",                     //启动 debugger 工具权限
],
//向页面注入的 JS 脚本配置
  "content_scripts": [
{
//匹配网址的正则表达式列表
      "matches": ["http://*/*", "https://*/*"],
      //JS 脚本注入的时间,此处是 DOM 创建完毕,但子资源尚未加载前
"run_at": "document_end",
//需要注入的 JS 脚本文件列表
      "js": ["inject.js"],
  //是否运行在页面所有的 iframe 中
      "all_frames": true
    }
  ],
  //常驻后台的脚本
  "background": {
    "scripts": ["background.js"],//在关闭浏览器之前一直执行的脚本
  },
  "manifest_version": 2 //manifest 文件版本号
}
```

从上述配置项可知,content_script.js 是 Chrome 拓展程序向页面注入脚本的一种形式,run_at 有以下三种注入时机:

(1) document_start:所有 CSS 加载完毕,但是 DOM 尚未创建时。

(2) document_end:DOM 创建完毕,但图片和 frame 等子资源尚未加载时。

(3) document_idle:document_end 之后,页面完全载入之前。

如果想要去除一个页面中的广告,需要选择在 DOM 创建完毕之后注入。

background 是常驻后台的一个页面,它的生命周期是 Chrome 拓展程序中所有类型页面中最长的,只有在浏览器关闭时才会停止运行,所以通常需要把全局且需要长期运行的代码放在这里。特别说明的是,虽然可以通过 chrome-extension://xxx/background.html 直接打开后台页,但是打开的后台页和真正一直在后台运行的页面不是同一个页面,换句话说,尽管可以打开无数个 background.html,但是真正在后台常驻的只有一个页面,而且永远看不到该页面的界面,只能调试它的代码。

10.2.2 Chrome 拓展开发之去除广告插件

去除广告的原理很简单,首先定位到元素面板的广告节点,然后用 JS 方法 remove 去除。这里使用 Chrome 插件来实现,定位的函数是 document.querySelectorAll,获取到的是 DOM 对象,因而可以直接使用它下属的 remove 方法去除。定位 CSS 选择器需要根据具体的网站结构来编写。注入时机是在 DOM 渲染之后,也就是 document.end。用去除百度搜索引擎的搜索结果中的广告为例,需要在 manifest 中编写以下 content_scripts:

```
"content_scripts": [{
    "matches": ["http://*/*", "https://*/*"],
    "run_at": "document_end",
    "js": ["inject.js"],
    "all_frames": true
}]
```

inject.js 需要根据页面广告的 CSS 编写:

```
document.querySelectorAll(".EGZQLh.eWxNhq.RrDTyC.KNVPwj.EC_ppim_new_gap_bottom").forEach
(function(a){a.remove()})
```

插件安装后,会把百度搜索结果的广告自动去除掉。

10.3 JS Hook

10.3.1 JS Hook 原理与作用

假设有以下这段 JS 代码:

```
function test(aa,bb){
    cc = aa + bb;
        return cc;}test(100,200);
```

在 console 中可以修改这个函数,例如让它打印各个参数的输出结果,这就是一个 JS Hook:

```
var _test = test;test = function(aa,bb){
    console.log(aa);
    console.log(bb);
    var result = _test(aa,bb);
    console(result);
```

在函数调用之后,页面加载完毕才注入函数。但实际上可以在调用的地方设置断点,运行时注入 JS Hook,在函数被调用之前就进行修改。JS Hook 看起来很简单,功能却很强大,例如修改一些系统函数,如 debugger、Function、eval 等,这些都是和反调试相关的。数据大多都是 JSON,这是一种轻量级的数据交换格式所以可以使用 HookJSON.stringfy 进行操作,就可以在 Hook 后直接从堆栈中找到调用函数了。

无论如何进行 Hook,都要把代码注入到网页的环境里,注入时机的选择很重要。可以选择设置断点注入,但更为便捷的方法是编写 Chrome 拓展插件,插件可以在网页运行之前对系统函数进行 Hook,一些网页的反调试就可以直接解决了。

10.3.2　JS Hook 对象属性

要想对对象属性进行 Hook,需要用到 Object.defineProperties 或者 Object.defineProperty 方法,它们可以直接在一个对象上修改原有属性或者定义新的属性,如下所示:

```
//Object.defineProperties(obj, props)
/**
obj: 将要被添加属性或修改属性的对象
props: 该对象的一个或多个键值对,定义了将要为对象添加或修改的属性的具体配置
**/
var obj = new Object();
Object.defineProperties(obj, {
    name: {
        value: 'JS Hook',
        configurable: false,
        writable: true,
        enumerable: true
    },
    age: {
        value: 18,
        configurable: true
}})
```

对象生成之后就可以进行 Hook 了。例如以下 Hook 示例,它会在每次设置对象参数时进行 debugger。

```
//Object.defineProperty(obj, prop, descriptor)
/**
obj: 需要被操作的目标对象
```

```
prop：目标对象需要定义或修改的属性的名称
descriptor：将被定义或修改的属性的描述符
**/
var obj = new Object();
Object.defineProperty(obj, 'name', {
    set:function(x){debugger;return x;}//被赋值后断下来})
```

对于内置对象属性的 Hook，需要在文档加载之前进行 Hook，这时就需要用到 Chrome 拓展插件。例如 document.cookie 中的各种 cookies，如果想知道 cookies 是从哪里生成的，使用 Chrome 拓展很方便，使用断点调试可能比较麻烦，可以在 JS 文件头部设置断点，在 console 里边输入如下代码。

```
Object.defineProperty(document,"cookie",
{set:function(x){console.log(x);return x;}})
```

然后运行代码，就会看到 cookie 在控制台被打印。要查看 cookie 在哪里被定义，可以写入 debugger。要查看特定的 cookie，可以使用 indexOf 指定参数名字。

10.3.3　JS 自动注入 Hook

接下来，可以编写一个 Chorme 拓展插件。这里给出 content_scripts 的脚本文件，让它在页面 DOM 渲染之前自动注入 JS 脚本文件，从而达到反调试的效果。

在页面创建一个 script 节点，里边放入注入的代码。以下代码实现了 Hook Cookies。

```
(function(){
    'use strict';
    var s = document.createElement('script');

    //Hook Cookies
    s.innerHTML = `var cookie_cache = document.cookie;
Object.defineProperty(document,'cookie',{
    get:function(){return cookie_cache;},
    set:function(val){
console.log("setting cookie:",val);
//debugger;
var cookie = val.split(";")[0];
var ncookie = cookie.split(" = ");
var flag = false;
var cache = cookie_cache.split(";");
cache = cache.map(function(a){
if (a.split(" = ")[0] == ncookie[0]){
    flag = true;
    return cookie;}
return a;})
cookie_cache = cache.join(;");
if(!flag){
```

```
cookie_cache += cookie + ";";}
this._value = val;
return cookie_cache;}});})
```

10.4 DOM 对象的 Hook

10.4.1 Script 自动加载

以 Hook Script 脚本请求为例,生成一个 script 元素,指定好 script 的 src 属性,当把这个元素加入到 HTML 中时,会发起一个请求,并且这个请求可以跨域。

用一个简单的例子证明这一点,首先在本地创建一个 HTTP 接口,在访问这个接口时会返回自定义的 JS 脚本,如下所示:

```
from flask import Flask
app = Flask(__name__)
@app.route('/')
def index():
    res = """
    function test(){
        alert("调用 HTTP 服务!")
    };
    test();
    """
    return res
if __name__ == '__main__':
    app.run(port=8080)
```

在任意一个页面中注入 src 为 http://127.0.0.1:8080 的 script 节点,如下所示:

```
var myScript = document.createElement("script");
myScript.src = "http://127.0.0.1:8080";
document.body.appendChild(myScript);
```

该页面上会弹出内容为"调用 HTTP 服务"的窗口,可以证明 script 节点的 src 会被自动请求。

10.4.2 Hook DOM

示例代码如下:

```
<!DOCTYPE html>
<
html lang="en">
<head>
    <meta charset="UTF-8">
```

```
</head>
<body>
</body>
<script type = "text/javascript">
    var s = document.createElement('script');
    s.src = "https://www.baidu.com";
    document.documentElement.appendChild(s);

    (function()
    {
        var s = document.createElement('script');
        s.src = "https://i.qq.com";
        document.documentElement.appendChild(s);
    }());
</script>
</html>
```

在面对上述代码时，如何定位到 appendChild 使用的地方？既要定位到外部的 appendChild，也要能够定位到匿名函数中的 appendChild。换言之，假如现在的代码有几千行甚至上万行，还经过了混淆，要想快速定位到 appendChild 该怎么做？这时，就需要对 appendChild 进行 Hook。

appendChild 并不是一个全局函数，如果要进行 Hook，就需要连带前边的对象：

```
_document.documentElement.appendChild = document.documentElement.appendChild
```

这样的 Hook 是有局限性的，如果 JS 脚本以其他方式添加进页面，如获取 body，然后把它作为 body 的子元素，当前的 Hook 就会失效，所以当前对象的 Hook 最好从原型链的角度出发。

appendChild 是 DOM 对象的方法，可以直接在 Console 面板中查看该 DOM 对象的原型链，发现它的 __proto__ 是一个 HTMLScriptElement，它的内部包含了许多属性，这些属性都是可以自由赋值的，如图 10-2 所示。

直接在当前属性中寻找 appendChild 是找不到的，在 __proto__ 属性回溯的过程中，会发现 appendChild 存在于 Node 对象的属性中，如图 10-3 所示。

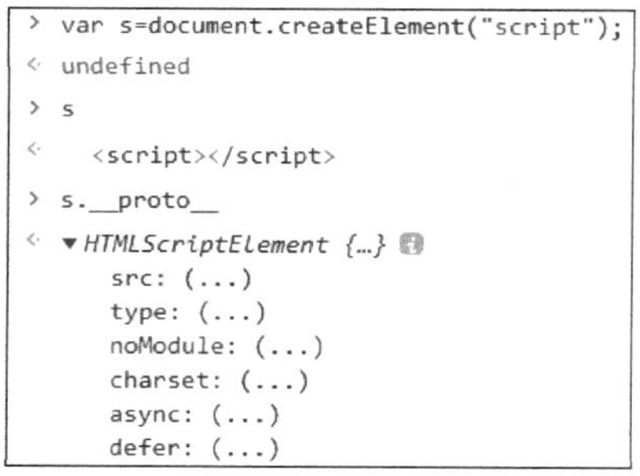

图 10-2　HTMLScriptElement 属性

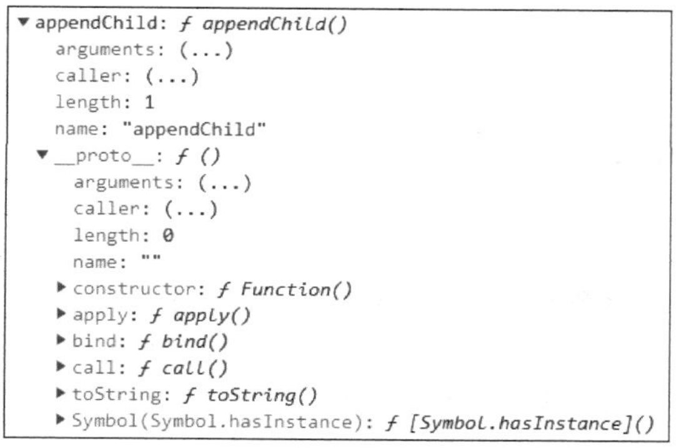

图 10-3　appendChild 属性

要想对 appendChild 进行 Hook,只需要 Hook Node.prototype.appendChild 即可,代码如下:

```
//Hook appendChild
    var _appendChild = Node.prototype.appendChild;
    Node.prototype.appendChild = function(){
        console.log("Hook appendChild");
        return _appendChild();
    };
```

10.4.3 JS Proxy

Proxy 代理可以帮助完成很多事情,如对数据的处理、对构造函数的处理和对数据的验证。它在访问对象前添加了一层拦截,进行过滤操作,其中的过滤可自行定义,例如:

```
let p = new Proxy(target, handler);
```

(1) target:需要使用 Proxy 包装的目标对象(可以是任何类型的对象,包括原生数组、函数或另一个代理)。

(2) handler:一个对象,其属性是当执行一个操作时定义代理的行为的函数(可以理解为某种触发器)。

例如前面几节介绍的 appendChild 的 Hook,可以改为如下 Proxy 的形式:

```
//Proxy appendChild
Node.prototype.appendChild = new Proxy(
    Node.prototype.appendChild,{
    apply:function(trapTarget,thisArg,argumentList){
    var retval = Reflect.apply(trapTarget,thisArg,argumentList);
    console.log("appendChild retval:",retval);
    return retval;
    }
});
```

10.5 原型链

JS 中所有的对象都是 Object 的实例。在创建对象时,会有一些预定义的属性。其中,定义函数时,预定义属性是 prototype,prototype 是一个普通的对象。定义普通对象时,会生成一个__proto__,__proto__指向这个对象的构造函数的 prototype。

每一个 JS 对象(null 除外)在创建时都会与之关联另一个对象,这个对象就是原型,每一个对象都会从原型继承属性。

一连串的对象依托__proto__和 prototype 连接,就形成了原型链,又因为 JS 中所有的对象都是Object的实例,所以原型链的终点是Object。

要进一步理解原型链,需要掌握以下三个属性。

1. __proto__属性

JS中的每一个对象都拥有__proto__属性,这个属性会指向自身的原型对象。在访问一个对象属性时,如果这个对象的内部不存在这个属性,就会经过__proto__属性到原型对象里寻找,如果上一级的原型对象里也不存在这个属性,就会继续沿着上一级的__proto__属性回溯,一直到原型链的终点Object,在此之后就是null了。

在JS中定义了一个对象之后,并没有为它设置字符串方法或者函数方法,却可以直接使用,是因为它通过__proto__属性从原型对象继承而来。

2. prototype属性

prototype属性是JS中函数独有的,函数也可以看作对象,因此它也拥有__proto__属性。prototype属性会指向该函数所创建的示例的原型对象,也就是说,一个函数实例的__proto__就是该函数的prototype,如下所示:

```
function Test() {}
var test = new Test();
console.log(test.__proto__ === Test.prototype); // true
```

3. constructor属性

每个对象都可以找到其对应的constructor属性,创建对象的前提是要拥有constructor。它可以是显式定义的,也可以是通过__proto__从原型对象继承而来。constructor属性指向该对象的构造函数,所有函数和对象最终都是由Function构造函数得来的,所以constructor属性的终点是Function构造函数。

在每个函数创建时,JS会同时创建一个该函数对应的prototype对象,而函数创建的实例对象.__proto__ === 函数.prototype,函数.prototype.constructor === 函数本身,所以通过函数创建的对象即使没有constructor属性,它也能通过__proto__找到对应的constructor,所以任何对象最终都可以找到其构造函数(null对象除外)。

```
function Test() {}
console.log(Test === Test.prototype.constructor); // true
```

通过一个简单的例子来理解原型链:

```
function Test() {}
//原型属性
Test.prototype.name = 'hello'
var newTest = new Test()
//实例属性
newTest.name = 'world'
console.log(newTest.name)//world
```

这段代码在原型属性和实例属性中都有一个名为 name 的属性，但是最后输出的是实例属性的值。读取一个属性时，如果在实例属性上找到，就读取它，不会管原型属性上是否还有相同的属性，这就是属性屏蔽，即当实例属性和原型属性拥有相同名字时，实例属性会屏蔽原型属性但它不会修改原型属性上的值；如果在实例属性上没有找到，就会在实例的原型上去找，如果原型上也没有找到，就继续到该原型的原型上去找，直到尽头。

10.6 XHR Hook

XHR Hook 就是本书在第 2 章中讲过的 Ajax-Hook，自定义 XMLHttpRequest 中的方法和属性，覆盖全局的 XMLHttpRequest。

10.7 JS Hook 的检测

可以应用 JS 代码格式化的检测方法到 JS Hook 的检测。核心思想是一样的，代码格式化和 Hook 都会改变原始函数的代码结构。如何检测 JS 代码格式化，在本书的第 6 章中有详细描述。

最常见的 JS Hook 就是对比关键函数前后的 JS 文本，如果不一致，就进入循环 debugger。

```
function test(x,y){
    z = x + y;
    return z;}
setInterval(function(){test + "" == "function test(x,y){z = x + y;return z;}"
? console.log("未修改")
:setInterval(function(){eval("debugger")},1000);},1000);
test(100,200);
```

如果要过滤掉这种 Hook 检测，可以编写如下代码：

```
Function.prototype.toString = function(){
return "function test(x,y){z = x + y;return z;}";}
```

还可以检测 setInterval 中的参数代码，如果代码中有 debugger，就进行过滤，代码如下：

```
var _setInterval = setInterval;setInterval = function(a,b){
if(a.toString().indexOf("debugger")!= -1{
    return null;
}
_setInterval(a,b);}
```

10.8 小结

本章讲述了部分代码还原方案,更多还原方案和实战应用将在下一章介绍。本章还介绍了 Chrome 扩展、JS Hook 等技术,可以将其中的技术结合起来,编写自定义的 Chrome 拓展工具。

10.9 习题

1. 编写一个 Chrome 拓展程序,自动输出网页的 Cookie。
2. 简述 JS Proxy 的优点。
3. 什么是 JS 中的原型链?
4. XHR Hook 是用来做什么的?

第11章

AST还原JS实战

本章以一个实际案例,来演示AST在还原JS混淆上的应用。首先介绍如何分析网站使用的混淆手段,这是用AST还原代码的前提。其次介绍如何巧妙使用Babel中的API来还原这些混淆。最后介绍如何利用还原后的文件来进行协议逆向。还原后的JS文件并不是只能静态分析,如果还原做得优秀,还可以替换到原网站中进行动态调试。

11.1 分析网站使用的混淆手段

11.1.1 协议分析

AST只是用来处理JS代码的,所以对于协议的抓包以及对应加密参数的分析,是开发者必须去做的。某网站在输入用户名和密码后,单击"登录"选项,会弹出验证码图片,如图11-1所示。单击任意两个选项,网站会验证答案是否正确。本章使用Chrome浏览器自带的开发者工具抓包,去分析抓到的数据包。

这里只分析关键的数据包。获取验证码的请求为/yzmtest/get.php?t=1596249640810,这是一个POST请求,提交的数据为 clientid = gl03ushm0yw&username = e511111111,其中 clientid 是由 JS 生成的客户端 id,username 是输入的账号,只是前面多了两个字符 e5,这两个字符不是本章的重点。

该请求发送以后,服务端返回的响应是一个 json。其中 data 字段就是验证码图片经过 base64 编码之后的数据。如果要确定是不是需要的验证码图片,就需要剔除 data:image\/jpeg;base64,它后面的数据才是图片,复制

图 11-1 某网站的验证码图片

后用 Base64 解码。input 字段是验证码的备选项,可以看出该选项的位置分布是随机的。

```
{"code":0,"model":0,"data":"data:image\/jpeg;base64,\/9j\/4AAQSkZJRgABAQA...","input":
["H","U","D","I","Y","T"],"len":2}
```

接着查看服务器进行结果验证的请求/yzmtest/check.php?t=1596249644221,这是一个 POST 请求,提交的数据如下所示。其中,password 字段是明文,data 字段是选择的验证码备选项处理以后的结果。

```
clientid = gl03ushm0yw&data = 62496414091249641309821112 5&username = e51111111&password
= 22222222
```

data 字段的值有两种来源:服务器返回,该值在抓到的所有数据包中可以找到。另外一种就是由 JS 生成的。通过目前抓到的数据来分析,并没有找到 data 的值,因此猜测是由 JS 生成的。

Chrome 开发者工具中抓到的数据包,会把发送当前请求时的函数堆栈放在 Initiator 这一栏中,把鼠标放上去就会显示。如图 11-2 所示,@ 的前面是函数名,后面表示源代码在哪个文件中。其中,jquery 是开源的第三方库,在算法分析中一般最后才看 jquery 文件。单击 lebo.yzm.pc.min.js 文件,会转到 Sources 面板,可以发现这个文件有 JS 混淆。在本章的后续内容中只截取代码的关键部分进行展示。也可以直接通过 Chrome 开发者工具去动态调试混淆后的 JS 文件来分析算法,只不过比较耗时。本章选择还原这个 JS 文件。

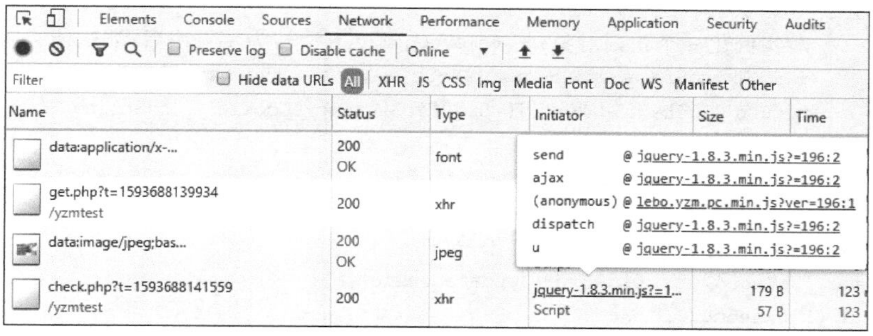

图 11-2 工具抓到的数据包

11.1.2 数组乱序

通过 11.1.1 节的分析,得知生成 data 字段的关键代码都是混淆过的。既然要还原 JS 混淆后的代码,就要先分析该网站中使用了哪些混淆方案。下面介绍原始代码中的数组乱序,这里只截取部分展示。代码如下:

```
var _0x5a19 = ['IiBjbGFzcz0iYnV0dG9uIHdoaXRlIIj48Y2FudmFzIHdpZHRoPSI1MHB4IiBoZWlnaHQ9Ij
QwcHgiIHN0eWxlPSJ3aWR0aDo1MHB4O2hlaWdodDo0MHB4IiBpcZDOiYnRuY2Fud18 = ', ...];
```

```javascript
(function (_0x5cb8ac, _0x23b38e) {
    //该函数用于还原大数组的真实顺序,当前只是定义,并未执行
    var _0x524cab = function (_0x18d3aa) {
        while (--_0x18d3aa) {
            _0x5cb8ac['push'](_0x5cb8ac['shift']());
        }
    };
    var _0x4821c6 = function () {
        var _0x398fd3 = { ...
            //该函数用于内存爆破,具体原理在本书的第6章中已经详细介绍
            'setCookie': function (_0x34eee4, _0x5586ea, _0x5ef311, _0x855d4e) {
                ...
            },
            'removeCookie': function () {
                return 'dev';
            },
            'getCookie': function (_0x296452, _0x39f9cd) { ...
                //在这个函数中调用前面定义的_0x524cab函数,来还原大数组的真实顺序
                var _0x3d1943 = function (_0xe1f36d, _0x41a83b) {
                    _0xe1f36d(++_0x41a83b);
                };
                _0x3d1943(_0x524cab, _0x23b38e); ...
            }
        };
        //该函数用于检测代码是否格式化,就是检测前面定义的_0x398fd3对象中的removeCookie
        var _0xef60f0 = function () {
            //实例化一个正则对象,把removeCookie方法转为字符串后,测试能否匹配
            var _0x4ba6f5 = new RegExp('\x5cw+ \x20 * \x5c(\x5c)\x20 * {\x5cw+ ... ');
            return _0x4ba6f5['test'](_0x398fd3['removeCookie']['toString']());
        };
        _0x398fd3['updateCookie'] = _0xef60f0;
        var _0x4f27d5 = '';
        //执行前面定义好的_0xef60f0函数
        var _0x4e6c47 = _0x398fd3['updateCookie']();
        if (!_0x4e6c47) {
            _0x398fd3['setCookie'](['*'], 'counter', 0x1);
        } else if (_0x4e6c47) {
            _0x4f27d5 = _0x398fd3['getCookie'](null, 'counter');
            ...
        }
    };
    _0x4821c6();
}(_0x5a19, 0x144));
```

在代码的最开始处,定义了一个名为_0x5a19的全局大数组,这个数组的顺序实际上是打乱的。接着还有一个匿名自执行的函数,该函数的作用为还原数组的真实顺序、检测代码是否格式化以及内存爆破。

匿名自执行函数首先定义了一个用于还原大数组真实顺序的_0x524cab函数,该函数在_0x398fd3对象的getCookie方法中被调用。之后定义了_0x4821c6函数,然后调用它。

在 0x4821c6 函数中，先定义了_0x398fd3 对象，然后定义了_0xef60f0 函数，接着把_0xef60f0 函数赋值给了_0x398fd3 对象的 updateCookie，最后调用 updateCookie 执行代码格式化的检测。如果检测到代码格式化，就进行内存爆破，否则就调用_0x398fd3 对象的 getCookie 方法来还原数组真实顺序。数组顺序还原后的结果为：

```
var _0x5a19 = [ 'Mnw5fDN8MTB8MTJ8MHwxNXw3fDZ8NHwxfDh8MTZ8NXwxMXwxN3wxM3wxNHwxOA == ',
 'MTd8MTV8NHwxMHw1fDE2fDE0fDB8OHw5fDN8MTh8MTJ8MXwyfDd8MTN8NnwxMQ == ', ... ];
```

11.1.3 字符串加密

示例代码如下：

```
var _0x1f20d3 = {
    'oscqj': _0x2ba9('0x0'),
    'fkUhC': _0x2ba9('0x1'),
    'lyKzh': _0x2ba9('0x2'),
    'PrDEx': function (_0x56ee68, _0x1607ce) {
        return _0x56ee68(_0x1607ce);
    },
    'bIzJA': function (_0x32a55a, _0x4df6cd) {
        return _0x32a55a + _0x4df6cd;
    },
    'QxklZ': _0x2ba9('0x3'),
    'evllC': _0x2ba9('0x4'),
    'XhIuf': _0x2ba9('0x5'),
    'VBKmx': function (_0x1a8117, _0x3e3864) {
        return _0x1a8117 * _0x3e3864;
    },
    ...
}
```

原始代码中有大量的字符串加密。其中_0x2ba9 函数就是字符串解密函数，该函数接收一个字符串参数，函数定义部分位于 11.1.2 节介绍的匿名自执行函数之后，代码如下：

```
var _0x2ba9 = function (_0x101b8f, _0xcd7c6f) {
    //将传进来的字符串转为数值
    _0x101b8f = _0x101b8f - 0x0;
    //把该数值当作索引,取出大数组中对应的密文字符串赋值给_0x27941a
    var _0x27941a = _0x5a19[_0x101b8f];
    //在 JS 中函数也是对象,可以有自己的属性和方法
    //因为字符串解密函数会多次调用,给函数定义一个 LmvHXr 属性,避免解密函数多次初始化
    if (_0x2ba9['LmvHXr'] === undefined) { ...
        //真正的解密函数是一个 Base64 解码
        _0x2ba9['dzoqWA'] = function (_0x30b4a5) {
            var _0x4f6190 = atob(_0x30b4a5); ...
        };
```

```
            //该对象用来存放解密后的字符串
            _0x2ba9['nKWcry'] = {};
            _0x2ba9['LmvHXr'] = !![];
        }
        //根据索引,从nKWcry对象中取出已经解密的明文字符串,如果不存在,再去解密
        var _0x578a10 = _0x2ba9['nKWcry'][_0x101b8f];
        if (_0x578a10 === undefined) { ...
            //用来检测是否格式化
            new _0x4b1809(_0x2ba9)['OsLPar']();
            //把密文字符串传入函数中解密
            _0x27941a = _0x2ba9['dzoqWA'](_0x27941a);
            //将解密后的字符串按索引存入对象中,下次调用时根据索引直接取明文字符串
            _0x2ba9['nKWcry'][_0x101b8f] = _0x27941a;
        } else {
            _0x27941a = _0x578a10;
        }
        return _0x27941a;
    };
```

可以看出,_0x2ba9解密函数的参数是大数组中的密文字符串索引。把密文字符串进行Base64解码后就可以得到明文字符串。然后用明文字符串替换对应的调用_0x2ba9解密函数的地方。例如,_0x5a19数组下标为0的成员Base64解密后的字符串为'2|9|3|10|12|0|15|7|6|4|1|8|16|5|11|17|13|14|18',那么字符串加密的还原只需要用该字符串替换掉所有_0x2ba9('0x0')的地方即可。

接下来学习_0x2ba9解密函数中的格式化检测代码。代码如下:

```
var _0x4b1809 = function (_0x3b1d14) {
    this['YlKlnG'] = _0x3b1d14;
    this['NsTJKl'] = [0x1, 0x0, 0x0];
    this['HILIkx'] = function () {
        return 'newState';
    };
    this['GGmyeM'] = '\x5cw+\x20*\x5c(\x5c)\x20*{\x5cw+\x20*';
    this['VUtdVO'] = '[\x27|\x22].+[\x27|\x22];?\x20*}';
};
//检测是否格式化函数的定义部分
_0x4b1809['prototype']['OsLPar'] = function () {
    //实例化一个正则对象,通过匹配HILIkx函数来检测格式化
    var _0x1403ab = new RegExp(this['GGmyeM'] + this['VUtdVO']);
    var _0x3fadf0 = _0x1403ab['test'](this['HILIkx']['toString']()) ?
                                  --this['NsTJKl'][0x1] : --this['NsTJKl'][0x0];
    //调用anWLTR函数来判断格式化的检测结果
    return this['anWLTR'](_0x3fadf0);
};
//没有格式化,直接返回_0x26db32,格式化了就调用内存爆破函数xTDWoN
_0x4b1809['prototype']['anWLTR'] = function (_0x26db32) {
    if (!Boolean(~_0x26db32)) {
        return _0x26db32;
```

```
        }
        return this['xTDWoN'](this['YlKlnG']);
    };
    //内存爆破函数
    _0x4b1809['prototype']['xTDWoN'] = function (_0x597ca7) {
        for (var _0x3e27c4 = 0x0, _0x192434 = this['NsTJKl']['length']; _0x3e27c4 < _0x192434;
_0x3e27c4++) {
            this['NsTJKl']['push'](Math['round'](Math['random']()));
            _0x192434 = this['NsTJKl']['length'];
        }
        return _0x597ca7(this['NsTJKl'][0x0]);
    };
    //调用检测函数
    new _0x4b1809(_0x2ba9)['OsLPar']();
```

11.1.4 花指令

花指令的形式有很多种，花指令混淆原理在第 6 章中有详细介绍。这里以一个例子来说明问题，代码如下：

```
_0x22b277[_0x2ba9('0xd4')](_0x22b277[_0x2ba9('0xd5')], new Date()[_0x2ba9('0x96')]())

// _0x2ba9('0xd4') 解密后为 'etrqc'
// _0x2ba9('0xd5') 解密后为 'oiFIc'
// _0x2ba9('0x96') 解密后为 'getTime'
// 因此上述代码可以简化为
// _0x22b277['etrqc'](_0x22b277['oiFIc'], new Date()['getTime']())
```

上述代码化简后，有一个字符串已经是明文了，但是另外两个字符串 _0x22b277['etrqc'] 和 _0x22b277['oiFIc']，还需要继续寻找。

```
var _0x22b277 = {
    ...
    'etrqc': function (_0x3fb552, _0x5f9394) {
        return _0x1f20d3[_0x2ba9('0x7e')](_0x3fb552, _0x5f9394);
    },
    ...
    'oiFIc': _0x1f20d3[_0x2ba9('0x7f')],
    ...
}
// _0x2ba9('0x7e') 解密后为 'ZFmTI'
// _0x2ba9('0x7f') 解密后为 'aOJeX'
// 因此又要去找到 _0x1f20d3['ZFmTI'] 和 _0x1f20d3['aOJeX']
var _0x1f20d3 = {
    ...
    'ZFmTI': function (_0x4e4bbb, _0x19e1fa) {
```

```
            return _0x4e4bbb + _0x19e1fa;
        },
        'aOJeX': _0x2ba9('0x2e'),
        ...
}
// _0x2ba9('0x2e') 解密后为 '/yzmtest/get.php?t = '
```

通过上述的分析可以看出，_0x22b277['etrqc']是一个函数，它把传入的两个参数相加。_0x22b277['oiFIc']是一个字符串，所以代码化简过程如下：

```
_0x22b277[_0x2ba9('0xd4')](_0x22b277[_0x2ba9('0xd5')], new Date()[_0x2ba9('0x96')]())

_0x22b277['etrqc'](_0x22b277['oiFIc'], new Date()['getTime']())

'/yzmtest/get.php?t = ' + new Date()['getTime']()
```

化简后的代码简洁明了，本书把类似_0x22b277['oiFIc']的混淆称为字符串花指令，把类似_0x22b277['etrqc']的混淆称为函数花指令。从这个例子可以看出，剔除花指令之前需要先把字符串解密。

11.1.5 流程平坦化

为了更好地说明问题，先把字符串加密以及花指令处理掉后，再截取其中部分代码来展示。还原前的代码如下：

```
$("#LoginForm,#LoginForm2")["unbind"]("submit")["bind"]("submit", function () {
    var _0x27fd60 = "1|2|4|7|5|3|8|0|6"["split"]('|'),
        _0x46c0ac = 0x0;
    while (!![]) {
        switch (_0x27fd60[_0x46c0ac++]) {
        case '0':
            yzmObj2["load"]();
            continue;
        case '1':
            var _0xe696fb = $(this);
            continue;
        case '2':
            var _0x94e1d7 =
                    _0xe696fb["find"]("input[name = 'username']")["val"]();
            continue;
        case '3':
            CkType = _0xe696fb["attr"]('id');
            continue;
        case '4':
            var _0x104aba = _0xe696fb["find"]("input[name = 'passwd']")["val"]();
            continue;
```

```
                case '5':
                    if (yzmObj2 != null && $(this)["attr"]('id') == CkType) {
                        if (yzmObj2["getstatus"]() == 0x1)
                            return !![];
                    }
                    continue;
                case '6':
                    return ![];
                case '7':
                    if (_0x94e1d7 == '' || _0x94e1d7 == '账号') {
                        alert("\u8BF7\u8F93\u5165\u767B\u5165\u5E10\u53F7!!");
                        return ![];
                    } else if (_0x104aba == '' || _0x104aba == "xx@x@x.x") {
                        alert("\u8BF7\u8F93\u5165\u5BC6\u7801!!");
                        return ![];
                    } else if (_0x104aba["length"] > 0x0 && _0x104aba["length"] < 0x6) {
                        alert("\u5BC6\u7801\u957F\u5EA6\u4E0D\u80FD\u5C11!!");
                        return ![];
                    }
                    continue;
                case '8':
                    yzmObj2 = $['fn']["yzmbox"](_0xe696fb,
                                    $("#leboyzm")["text"]() + _0x94e1d7, _0x104aba);
                    continue;
            }
            break;
        }
});
```

其中，第3行代码中的"1|2|4|7|5|3|8|0|6"["split"]('|')就是一个分发器，根据这个分发器中的数据，按顺序来执行对应的case代码块。即代码混淆后，打乱了原先的代码执行顺序。还原后的代码如下所示：

```
$("#LoginForm, #LoginForm2")["unbind"]("submit")["bind"]("submit", function () {
    var _0xe696fb = $(this);
    var _0x94e1d7 = _0xe696fb["find"]("input[name = 'username']")["val"]();
    var _0x104aba = _0xe696fb["find"]("input[name = 'passwd']")["val"]();
    if (_0x94e1d7 == '' || _0x94e1d7 == '账号') {
        alert("\u8BF7\u8F93\u5165\u767B\u5165\u5E10\u53F7!!");
        return ![];
    } else if (_0x104aba == '' || _0x104aba == "xx@x@x.x") {
        alert("\u8BF7\u8F93\u5165\u5BC6\u7801!!");
        return ![];
    } else if (_0x104aba["length"] > 0x0 && _0x104aba["length"] < 0x6) {
        alert("\u5BC6\u7801\u957F\u5EA6\u4E0D\u80FD\u5C11!!");
        return ![];
    }
    if (yzmObj2 != null && $(this)["attr"]('id') == CkType) {
        if (yzmObj2["getstatus"]() == 0x1)
```

```
            return !![];
        }
        CkType = _0xe696fb["attr"]('id');
        yzmObj2 = $['fn']["yzmbox"](_0xe696fb, $("#leboyzm")["text"]() + _0x94e1d7, _0x104aba);
        return ![];
    });
```

对于有前端经验的开发者来说,这个逻辑看上去很清晰,在后续替换后能动态调试的情况下,这个逻辑会更清晰。由此可见,还原 JS 代码对于逆向分析极其重要。

视频讲解

11.2 还原代码中的常量

11.2.1 整体代码结构

代码的整体结构如下所示。首先使用 require 加载必要的依赖,然后读取 JS 文件中的代码,用 parser 组件解析成 ast,接着对 ast 进行一系列的操作,最后把 ast 转为字符串,保存到新文件。

```
const parser = require("@babel/parser");
const traverse = require("@babel/traverse").default;
const t = require("@babel/types");
const generator = require("@babel/generator").default;
const fs = require('fs');

const jscode = fs.readFileSync("./astDemo.js", {
    encoding: "utf-8"
});
let ast = parser.parse(jscode);

//此处对 ast 进行一系列的操作

let code = generator(ast).code;
fs.writeFile('./demoNew.js', code, (err)=>{});
```

11.2.2 字符串解密与去除数组混淆

根据前面几节的分析可知,原始代码在最开始处定义了一个大数组,紧接着定义了一个用于还原数组顺序的匿名自执行的函数,然后定义了一个字符串解密的函数。而要调用字符串解密函数,又必须先得到大数组和用于还原数组顺序的匿名自执行函数。下面是原始代码的整体结构:

```
console.log(ast.program.body);
/*
```

```
    Node {type: 'VariableDeclaration', ... declarations: Array(1)}
    Node {type: 'ExpressionStatement', ... expression: Node}
    Node {type: 'VariableDeclaration', ... declarations: Array(1)}
    Node {type: 'ExpressionStatement', ... expression: Node}
    Node {type: 'VariableDeclaration', ... declarations: Array(1)}
    Node {type: 'VariableDeclaration', ... declarations: Array(1)}
    Node {type: 'VariableDeclaration', ... declarations: Array(1)}
    Node {type: 'ExpressionStatement', ... expression: Node}
*/
```

要完成字符串解密，先要得到原始代码中的三个部分，即大数组、还原数组顺序的函数和字符串解密函数，其中的字符串解密函数，还需要得到字符串解密函数的名字。

```
//得到解密函数所在节点
let stringDecryptFuncAst = ast.program.body[2];
//得到解密函数的名字
let DecryptFuncName = stringDecryptFuncAst.declarations[0].id.name;
//新建一个AST,把原始代码中的大数组、还原数组顺序的函数和字符串解密函数,加入到body节点中
let newAst = parser.parse('');
newAst.program.body.push(ast.program.body[0]);
newAst.program.body.push(ast.program.body[1]);
newAst.program.body.push(stringDecryptFuncAst);
//把上述三部分代码转为字符串,由于存在格式化检测,需要指定选项来压缩代码
let stringDecryptFunc = generator(newAst, {compact: true}).code;
//将字符串形式的代码执行,这样就可以在nodejs中运行解密函数了
eval(stringDecryptFunc);
```

再次强调，由于原始代码中存在格式化检测和内存爆破的代码，所以上述代码在生成字符串代码时，需要指定选项，使用压缩后的代码来执行，否则会内存溢出。

现在nodejs中已经有解密函数了，接下去可以直接计算节点，如_0x2ba9('0x0')，并用结果替换它。代码如下：

```
traverse(ast, {
    //遍历所有变量
    VariableDeclarator(path){
        //当变量名与解密函数名相同时,就执行相应操作
        if(path.node.id.name == DecryptFuncName){
            let binding = path.scope.getBinding(DecryptFuncName);
            binding && binding.referencePaths.map(function(v){
                v.parentPath.isCallExpression() &&
                v.parentPath.replaceWith(t.stringLiteral(eval(v.parentPath + '')));
            });
        }
    }
});
//字符串解密以后,原始代码的三个部分就没用了,可以删去
ast.program.body.shift();
```

```
ast.program.body.shift();
ast.program.body.shift();

/* _0x2ba9('0xa1') 在 AST Explorer 网站中解析后的结构为
    Node {
        type: 'CallExpression',
        ...
        callee: Node { type: 'Identifier', ... name: '_0x2ba9'},
        arguments: [
            Node { type: 'StringLiteral', ... value: '0xa1'}
        ]
    }
*/
```

上述代码中遍历的是 VariableDeclarator 节点,当 name 与 DecryptFuncName 一致时,就执行相应的解密和替换操作。先获取 DecryptFuncName 的 binding,然后通过 binding 的 referencePaths 属性,就可以获取到所有引用处的 Path 对象(里面存放的都是 Identifier 类型),接着通过数组的 map 方法来遍历它们。因为在原始代码中,给 _0x2ba9 解密函数增加了几个属性(在 11.1.3 节中有提到),所以这些属性也会出现在 referencePaths 中,但是字符串解密不在 referencePaths 中进行,所以需要判断遍历节点的父节点。如果父节点是 CallExpression,则需要对该节点进行处理。处理方法很简单,把节点转为字符串代码,然后通过 eval 计算结果,把结果用 stringLiteral 包装,替换掉父节点,也就是 CallExpression 节点。由于之前已经把解密函数的定义取出,因此当前 nodejs 中是有该解密函数的定义的,不会报错。

以原始代码中的某段代码为例,还原前后的代码分别为:

```
//还原前
this[_0x2ba9('0x9a')] = _0x22b277[_0x2ba9('0xb4')](Math[_0x2ba9('0xa4')](_0x22b277[_0x2ba9('0x93')]](Math[_0x2ba9('0x94')]](), 0x5)), 0x5);
//还原后
this["$ strlen"] = _0x22b277["hdpPm"](Math["floor"](_0x22b277["cdTwA"](Math["random"](), 0x5)), 0x5);
```

视频讲解

11.3 剔除花指令

11.3.1 花指令剔除思路

示例代码如下:

```
var _0x1f20d3 = { ...
    'ZFmTI': function (_0x4e4bbb, _0x19e1fa) {
        return _0x4e4bbb + _0x19e1fa;
    },
```

```
        'aOJeX': '/yzmtest/get.php?t = ', ...
   }
   var _0x22b277 = { ...
        'etrqc': function (_0x3fb552, _0x5f9394) {
            return _0x1f20d3['ZFmTI'](_0x3fb552, _0x5f9394);
        },
        'oiFIc': _0x1f20d3['aOJeX'], ...
   }
   // _0x22b277['oiFIc'] 字符串花指令
   // _0x22b277['etrqc'] 函数花指令
```

花指令剔除可以分为以下两种情况。

1. 字符串花指令的剔除

对于字符串花指令 _0x22b277['oiFIc']，可以遍历所有 MemberExpression 节点，取出 object 节点名和 property 节点值。在 ObjectExpression 节点中找到对应的值，如果类型为 MemberExpression，就说明还需要继续找，再次取出 object 节点名和 property 节点值，并在 ObjectExpression 节点中找对应的值，以此类推，直到找到的值类型为 StringLiteral，进行替换即可，这个过程需要用到递归。

2. 函数花指令的去除

对于函数花指令 _0x22b277['etrqc']，遍历所有 MemberExpression 节点，取出 object 节点名和 property 节点值。在 ObjectExpression 节点中找到对应的值，如果类型为 FunctionExpression 并且函数体内部有 MemberExpression 节点，就说明还需要继续找，直到找到类型为 FunctionExpression 并且函数体内部没有 MemberExpression 节点的节点，才是最终需要的节点。

在 ObjectExpression 节点中找到对应的值有一个比较简便的方式，可以在 nodejs 中定义一个 totalObj 对象，然后解析原始代码中所有的 ObjectExpression，加入到 totalObj 对象中，最后把 totalObj 对象变成如下结构：

```
{
    _0x1f20d3: {
        'ZFmTI': Node {...},
        'aOJeX': Node {...},
        'EDRDI': Node {...},
        ...
    },
    _0x22b277: {
        'etrqc': Node {...},
        'oiFIc': Node {...},
        ...
    },
    ...
}
```

在 nodejs 中组合出这样的结构后，如果要获取 _0x22b277['oiFIc'] 的定义部分的节点,只需要使用 totalObj['_0x22b277']['oiFIc'] 来获取 Node 节点。生成 totalObj 对象的代码如下:

```javascript
var totalObj = {};
function generatorObj(ast){
    traverse(ast, {
        VariableDeclarator(path){
            //init 节点为 ObjectExpression 时,它就是需要处理的对象
            if(t.isObjectExpression(path.node.init)){
                //取出对象名
                let objName = path.node.id.name;
                //以对象名作为属性名在 totalObj 中创建对象
                objName && (totalObj[objName] = totalObj[objName] || {});
                //解析对象中的每一个属性,加入到新建的对象中去,注意属性值依然是 Node 类型
                totalObj[objName] && path.node.init.properties.map(
                    function(p){
                        totalObj[objName][p.key.value] = p.value;
                    }
                );
            };
        }
    });
    return ast;
}
ast = generatorObj(ast);

Node {
    type: 'VariableDeclarator', ...
    id: Node { type: 'Identifier', ... name: '_0x1f20d3' },
    init: Node { type: 'ObjectExpression', ...
                 properties: [[Node], [Node], [Node], ... ]}
}
//properties 中的每一个 ObjectProperty 结构为
Node {
    type: 'ObjectProperty', ...
    method: false,
    key: Node { type: 'StringLiteral', ... value: 'NmhQU'},
    computed: false,
    shorthand: false,
    value: { type: 'StringLiteral', value: 'submit', ... }
}
```

11.3.2 字符串花指令的剔除

字符串花指令比较容易剔除,遍历 ObjectExpression 节点的 properties 属性,每得到一个 ObjectProperty 的 value 值,都递归找到真实的字符串后进行替换。代码如下:

```javascript
traverse(ast, {
    VariableDeclarator(path){
        if(t.isObjectExpression(path.node.init)){
            path.node.init.properties.map(function(p){
                let realNode = findRealValue(p.value);
                realNode && (p.value = realNode);
            });
        };
    }
});
/*
    var _0x1f20d3 = { 'aOJeX': '/yzmtest/get.php?t = ', ... }
    var _0x22b277 = { 'oiFIc': _0x1f20d3['aOJeX'], ... }
    //处理后变为如下形式,不管代码中调用哪个对象中的属性,都是真实字符串,最后统一替换
    var _0x1f20d3 = { 'aOJeX': '/yzmtest/get.php?t = ', ... }
    var _0x22b277 = { 'oiFIc': '/yzmtest/get.php?t = ', ... }
*/
```

接下来实现 findRealValue，根据前面对原始代码的分析可知，ObjectProperty 的 value 值有三种类型：MemberExpression、FunctionExpression 和 StringLiteral。先不处理 FunctionExpression 节点，StringLiteral 节点是真实的字符串，所以也不用处理，只需要处理 MemberExpression 节点。实现的代码如下：

```javascript
function findRealValue(node){
    if(t.isMemberExpression(node)){
        let objName = node.object.name;
        let propName = node.property.value;
        if(totalObj[objName][propName]){
            return findRealValue(totalObj[objName][propName]);
        }else{
            return false;
        }
    }else{
        return node;
    }
}
//剔除字符串花指令以后,更新 totalObj 对象
ast = generatorObj(ast);

/*
    var _0x1f20d3 = { 'aOJeX': '/yzmtest/get.php?t = ', ... }
    var _0x22b277 = { 'oiFIc': _0x1f20d3['aOJeX'], ... }
*/
```

假如传给 findRealValue 的参数为 _0x1f20d3 [' aOJeX '] 节点，它是一个 MemberExpression 节点，因此会取出 '_0x1f20d3' 赋值给 objName，取出 'aOJeX' 赋值给 propName，然后获取 totalObj['_0x1f20d3']['aOJeX'] 中存放的 Node 节点，继续传入到

findRealValue中进行递归。这时候传入的是'/yzmtest/get.php? t=',并非成员表达式,因此直接返回原节点。一直返回,最后执行realNode && (p.value = realNode)进行节点替换。

上述过程只处理了ObjectExpression节点的属性值,最后还要对代码中引用的地方都进行替换(替换之前更新totalObj对象)。实现的代码如下:

```
traverse(ast, {
    MemberExpression(path){
        let objName = path.node.object.name;
        let propName = path.node.property.value;
        totalObj[objName] && t.isStringLiteral(totalObj[objName][propName]) && path.replaceWith(totalObj[objName][propName]);
    }
});
```

遍历所有MemberExpression节点,取出objName和propName,只要对应节点在totalObj对象中存在,并且类型为StringLiteral,就进行替换。

以原始代码中经过字符串解密以后的某段代码为例,还原前后的代码分别为:

```
//还原前
var _0x167f85 = _0x1f20d3["oscqj"]["split"]('|'), _0x57c351 = 0x0;
//还原后
var _0x167f85 = "2|9|3|10|12|0|15|7|6|4|1|8|16|5|11|17|13|14|18"["split"]('|'), _0x57c351 = 0x0;
```

视频讲解

11.3.3 函数花指令的剔除

函数花指令的剔除原理与字符串花指令的剔除相似,只不过需要更改递归的函数。实现的代码如下:

```
traverse(ast, {
    VariableDeclarator(path){
        if(t.isObjectExpression(path.node.init)){
            path.node.init.properties.map(function(p){
                let realNode = findRealFunc(p.value);
                realNode && (p.value = realNode);
            });
        };
    }
});
function findRealFunc(node){
    if(t.isFunctionExpression(node) && node.body.body.length == 1){
        let expr = node.body.body[0].argument.callee;
        if(t.isMemberExpression(expr)){
            let objName = expr.object.name;
```

```
                let propName = expr.property.value;
                if(totalObj[objName]){
                    return findRealFunc(totalObj[objName][propName]);
                }else{
                    return false;
                }
            }
            return node;
        }else{
            return node;
        }
    }
//剔除函数花指令以后,更新 totalObj 对象
ast = generatorObj(ast);

/*
    var _0x1f20d3 = {
        'ZFmTI': function (_0x4e4bbb, _0x19e1fa) {
            return _0x4e4bbb + _0x19e1fa;
        },
        'EDRDI': function(_0x247161, _0x4c41eb) {
            return _0x247161(_0x4c41eb);
        }, ...
    };
    var _0x22b277 = {
        'etrqc': function (_0x3fb552, _0x5f9394) {
            return _0x1f20d3['ZFmTI'](_0x3fb552, _0x5f9394);
        }, ...
    };
*/
```

以上述代码中的注释为例,将它们的特点归纳为以下 4 点。

(1) 它们都是 FunctionExpression 节点。

(2) 函数体只有一个 ReturnStatement 节点。

(3) ReturnStatement 节点的 argument 属性类型如果不是 CallExpression,那么该节点就是最终需要的节点,例如上述注释中的 ZFmTI 函数。

(4) ReturnStatement 节点的 argument 属性类型如果是 CallExpression,但是其 callee 属性类型不是 MemberExpression,那么该节点也是最终需要的节点,例如上述注释中的 EDRDI 函数。

综上所述,findRealFunc 函数最终需要递归的节点的特点为:ReturnStatement 节点的 argument 属性类型为 CallExpression,并且 CallExpression 节点的 callee 属性类型为 MemberExpression。

findRealFunc 的实现方式为:

(1) 筛选出类型为 FunctionExpression,且函数体只有一行代码的节点,其余节点直接返回原节点。

(2) 取出 ReturnStatement 节点的 argument 属性中的 callee。

(3) 如果第 2 步得到的节点类型为 MemberExpression,就取出对象名和属性名,从 totalObj 中获取对应的节点,传入 findRealFunc 函数进行递归。

(4) 如果第 2 步得到的是 undefined,就说明不是 CallExpression 节点,该节点已经是最终需要的节点,直接返回原节点即可。

(5) 如果第 2 步得到的不是 undefined,也不是 MemberExpression 节点,该节点已经是最终需要的节点,直接返回原节点即可。

(6) 一直返回,执行 realNode && (p.value = realNode)替换节点。

上述过程只处理 ObjectExpression 节点的属性值,处理后的效果如下:

```
var _0x1f20d3 = {
    'ZFmTI': function (_0x4e4bbb, _0x19e1fa) {
        return _0x4e4bbb + _0x19e1fa;
    },
    'EDRDI': function (_0x247161, _0x4c41eb) {
        return _0x247161(_0x4c41eb);
    },
    ...
};
var _0x22b277 = {
    'etrqc': function (_0x3fb552, _0x5f9394) {
        return _0x1f20d3['ZFmTI'](_0x3fb552, _0x5f9394);
    },
    ...
};
/* 上面的代码被修改为
var _0x1f20d3 = {
    'ZFmTI': function (_0x4e4bbb, _0x19e1fa) {
        return _0x4e4bbb + _0x19e1fa;
    },
    'EDRDI': function (_0x247161, _0x4c41eb) {
        return _0x247161(_0x4c41eb);
    },
    ...
};
var _0x22b277 = {
    'etrqc': function (_0x4e4bbb, _0x19e1fa) {
        return _0x4e4bbb + _0x19e1fa;
    },
    ...
};
*/
```

假如代码中的引用为_0x22b277['etrqc'](1000,2000),这时应当遍历 CallExpression 节点,判断 callee 的节点类型为 MemberExpression,去 totalObj 对象中查找对应代码节点。取出该代码节点里面的 ReturnStatement 中的 argument 属性,然后判断节点类型,如果为 BinaryExpression,就取出其中的 operator 属性,与传入的实参 1000 和 2000 构建新的 BinaryExpression 节点,并替换整个_0x22b277['etrqc'](1000,2000)。

假如代码中的引用为_0x1f20d3['EDRDI'](_0x247162,2000)，这时应当遍历CallExpression节点，判断callee的节点类型，如果为MemberExpression，就去totalObj对象中查找对应代码节点。取出该代码节点里面的ReturnStatement中的argument属性，然后判断节点类型，如果为CallExpression，就用传入的实参构建一个新的CallExpression节点，_0x247162作为callee，2000作为argument，来替换掉原先的整个节点。

因此，最后对代码中引用的地方进行替换（替换之前记得更新totalObj对象）的代码如下：

```
traverse(ast, {
    CallExpression(path){
        //callee 不为 MemberExpression 的节点，不做处理
        if(!t.isMemberExpression(path.node.callee)) return;
        //取出对象名和属性名
        let objName = path.node.callee.object.name;
        let propertyName = path.node.callee.property.value;
        //如果在 totalObj 中有相应节点，就需要进行替换
        if(totalObj[objName] && totalObj[objName][propertyName]){
            //totalObj 中存放的是函数节点
            let myFunc = totalObj[objName][propertyName];
            //在原始代码中，函数体只有 return 语句，取出其中的 argument 节点
            let returnExpr = myFunc.body.body[0].argument;
            //判断 argument 节点类型，并且用相应的实参来构建二项式或者调用表达式
            //然后替换当前遍历到的整个 CallExpression 节点
            if(t.isBinaryExpression(returnExpr)){
                let binExpr = t.binaryExpression(returnExpr.operator,
                            path.node.arguments[0], path.node.arguments[1]);
                path.replaceWith(binExpr);
            }else if(t.isCallExpression(returnExpr)){
                //把 arguments 数组中的下标为 1 和以后的成员放入 newArray 中
                let newArray = path.node.arguments.slice(1);
                let callExpr = t.callExpression(path.node.arguments[0], newArray);
                path.replaceWith(callExpr);
            }
        }
    }
});
//花指令剔除后，就可以删除原始代码中的 ObjectExpression。最好先判断是否有引用，如果没有引用，就删除
traverse(ast, {
    VariableDeclarator(path){
        if(t.isObjectExpression(path.node.init)){
            path.remove();
        };
    }
});
```

以原始代码中经过字符串解密以后的某段代码为例，还原前后的代码分别为：

```
//还原前
this["$strlen"] = _0x22b277["hdpPm"](Math["floor"](_0x22b277["cdTwA"](Math["random"](),
0x5)), 0x5);
//还原后
this["$strlen"] = Math["floor"](Math["random"]() * 0x5) + 0x5;
```

11.4 还原流程平坦化

11.4.1 获取分发器

还原流程平坦化之前，应当先进行字符串解密以及剔除花指令。在还原流程平坦化的过程中，需要先获取分发器，因为分发器中记录着代码原先的真实顺序。以 11.1.5 节中的代码为例，分发器在 AST 中的结构如下：

```
Node {
    type: 'MemberExpression',
    ...
    object: Node { type: 'StringLiteral', ... value: '1|2|4|7|5|3|8|0|6' },
    property: Node { type: 'StringLiteral', ... value: 'split' },
    computed: true
}
```

可以看出，遍历 MemberExpression 节点，如果其中的 object 节点为 StringLiteral 类型，property 节点为 StringLiteral 类型，并且 value 为 'split'，就是分发器所在的 MemberExpression 节点。其中 path.node.object.value 是记录代码原先真实顺序的字符串。因此，获取分发器的代码如下：

```
traverse(ast, {
    MemberExpression(path) {
        if (t.isStringLiteral(path.node.object) &&
            t.isStringLiteral(path.node.property, { value: 'split' })) {
            console.log(path.node.object.value);
        }
    }
});
// '1|2|4|7|5|3|8|0|6'
```

11.4.2 解析 switch 结构

把 AST 中的 switch 结构解析到 nodejs 的数组中。这样在复原代码顺序时，就可以快速、准确地获取对应的代码节点。想要解析整个 switch，先要学习 WhileStatement 节点和 SwitchStatement 节点的结构，以 11.1.5 节中的代码为例：

```
//WhileStatement 的结构
Node {
    type: 'WhileStatement', ...
    test: Node {
        type: 'UnaryExpression', ...
        operator: '!',
        prefix: true,
        argument: Node {
            type: 'UnaryExpression', ...
            operator: '!',
            prefix: true,
            argument: [Node]
        }
    },
    body: Node { ... }
}
```

WhileStatement 节点的 test 属性是 while 循环的条件，body 属性是 while 循环体中的代码，body 体中的结构如下：

```
Node {
    type: 'BlockStatement', ...
    body: [Node {
        type: 'SwitchStatement', ...
        discriminant: Node { type: 'MemberExpression', ...
            object: Node { type: 'Identifier', ... name: '_0x27fd60'},
            property: Node {
                type: 'UpdateExpression', ...
                operator: '++',
                prefix: false,
                argument: [Node]
            },
            computed: true
        },
        cases: [
            Node {
                type: 'SwitchCase', ...
                consequent: [Array],
                test: Node { type: 'StringLiteral', ... value: '0' }
            },
            ...
        ]
    },
    Node { type: 'BreakStatement', ...label: null }
    ],
    directives: []
}
```

SwitchStatement 节点中的 discriminant 属性是 switch 语句中用来控制跳转的表达式，

cases 属性中存放着 switch 中所有的 case 代码块。SwitchCase 节点的 test 属性是 case 后的值，consequent 属性是具体的代码块。

解析 switch 结构的代码，如下所示：

```
traverse(ast, {
    MemberExpression(path) {
        if (t.isStringLiteral(path.node.object) &&
            t.isStringLiteral(path.node.property, { value: 'split' })) {
            //找到类型为 VariableDeclaration 的父节点
            let varPath = path.findParent(function (p) {
                return t.isVariableDeclaration(p);
            });
            //获取下一个同级节点
            let whilePath = varPath.getSibling(varPath.key + 1);
            //解析 switch 结构
            let myArr = [];
            whilePath.node.body.body[0].cases.map(function (p) {
                myArr[p.test.value] = p.consequent[0];
            });
        }
    }
});
```

上述代码首先是沿用 11.4.1 节中的代码，定位到分发器所在的 MemberExpression 节点。接着要定位到 switch 节点，才能解析整个 switch 节点。这里的方案是先找到 WhileStatement 节点，原始代码在 AST 中的整体结构，如下所示：

```
Node {
  type: 'VariableDeclaration',
  ...
  declarations: [
    Node {
    type: 'VariableDeclarator',
     ...
    id: Node { type: 'Identifier', ... name: '_0x27fd60'},
    init: Node{ type: 'CallExpression', ...
        callee: Node{
        type: 'MemberExpression',
         ...
        object: Node { type: 'StringLiteral', ... value: '1|2|4|7|5|3|8|0|6' },
        property: Node { type: 'StringLiteral', ... value: 'split' },
         computed: true
        },
        arguments:[ [Node] ]
    }
    },
    Node { type: 'VariableDeclarator' ... }
  ],
```

```
    kind: 'var'
}
Node { type: 'WhileStatement', ... }
```

可以看出，WhileStatement 节点是 VariableDeclaration 节点的下一个同级节点，而当前定位到的是分发器所在的 MemberExpression 节点。因此在本节最开始的代码中，通过 path.findParent 找到分发器所在节点的类型为 VariableDeclaration 的父节点，赋值给 varPath。然后通过 varPath.getSibling 获取到下一个同级节点。

接着通过 WhileStatement 节点，找到其下属的 switch 节点中的 cases 数组，也就是存放着所有 case 代码块的节点。最后遍历 cases 数组，用 case 后面的值作为数组索引，case 中具体的代码节点作为对应的数组的成员，把整个 switch 解析到预先定义的 myArr 数组中。

11.4.3 复原语句顺序

接下来复原代码顺序，实现的代码如下所示：

```
let parentPath = whilePath.parent;
varPath.remove();
whilePath.remove();
// path.node.object.value 取到的是 '1|2|4|7|5|3|8|0|6'
let shufferArr = path.node.object.value.split("|");
shufferArr.map(function (v) {
    parentPath.body.push(myArr[v]);
});
```

首先找到 WhileStatement 的父节点，也就是 BlockStatement 节点。然后把分发器所在的节点和 WhileStatement 节点移除，相当于把 BlockStatement 的 body 节点清空。然后把存有代码真实顺序的字符串，分割成数组 shufferArr。遍历该数组，从之前解析好的 myArr 中，取出对应索引的代码节点，添加到 BlockStatement 的 body 节点中。

单个 switch 流程平坦化还原已经完成，现在要应用到整个 JS 文件中去。由于原始代码中，存在嵌套的 switch 流程平坦化，为了防止顺序错乱，在这里采用每遍历一轮 ast，只处理一个 switch 流程平坦化的方案，完整的还原代码如下：

```
//多循环几次，而不用去判断原始代码中到底有多少个 switch 流程平坦化
for(let i = 0; i < 20; i++){
    traverse(ast, {
        MemberExpression(path){
            if(t.isStringLiteral(path.node.object) &&
                t.isStringLiteral(path.node.property, {value: 'split'})){
                let varPath = path.findParent(function(p){
                    return t.isVariableDeclaration(p);
                });
```

```
                let whilePath = varPath.getSibling(varPath.key + 1);
                let myArr = [];
                whilePath.node.body.body[0].cases.map(function(p){
                    myArr[p.test.value] = p.consequent[0];
                });
                let parentPath = whilePath.parent;
                varPath.remove();
                whilePath.remove();
                let shufferArr = path.node.object.value.split("|");
                shufferArr.map(function(v){
                    parentPath.body.push(myArr[v]);
                });
                //每遍历一轮ast,只处理一个switch流程平坦化就停止遍历
                path.stop();
            }
        }
    });
}
```

switch流程平坦化,还原前后的效果,可以参考11.1.5节中的代码。其中还有一些十六进制字符串没有还原,还原的方法在第10章中有详细介绍,这里不再赘述。

switch流程平坦化混淆并不是只有这一种。应当掌握原理,在实际应用中根据具体情况进行分析。

11.4.4 协议逆向

还原以后的JS文件可以进行静态分析,也可以替换网站中的原文件后,进行动态调试。替换文件可以使用fiddler自动响应或者Chrome Local Overrides功能,这在第2章中有详细介绍。

接下来,就可以对之前抓包过程中找出的几个加密参数,进行逆向分析。在Chrome开发者工具的Sources面板中,找到替换后的JS文件,按Ctrl+F键,在弹出的搜索框中输入"data",找到以下关键代码:

```
var _0x2465df = [],
_0x44edf3 = new Date()["getTime"]()["toString"]();
_0x974ca9["each"](_0x5bf942, function (_0x4184e0, _0x429229) {
    var _0x1405d0 = _0x974ca9(this)["attr"]('id');
    _0x2465df["push"](_0x1405d0["replace"]("object_", ''));
});
_0x54639d["showloading2"]();
_0x974ca9["ajax"]({
    'url': "/yzmtest/check.php?t=" + _0x44edf3,
    'type': "post",
    'data': {
        'clientid': _0x54639d["$clientid"],
```

```
            'data': _0x2465df["join"]('') + '' + _0x54639d["$strlen"] + '' +
                                    _0x44edf3["substr"](-0x2) + "1125",
            'username': _0x54639d["$username"],
            'password': _0x54639d["$password"]
        },
        ...
    });
```

代码被混淆以后,如果没有做还原,一般搜索不到关键字段。如果想直接进行调试分析,可以使用第 2 章中介绍的各种调试方法来快速定位,也可以使用第 10 章介绍的 JS Hook 来定位关键代码。

从上述代码可知,clientid 来自_0x54639d["$clientid"],继续搜索$clientid赋值的地方,找到如下关键代码:

```
this["$clientid"] = Number(Math["random"]()["toString"]()["substr"](0x3, 0x4) + Date["now"]())["toString"](0x24);
```

clientid 是用 JS 生成的一个随机值,通过多次抓包观察,发现该值在刷新网页时才重新生成。

data 由四个部分拼接而成,最后一部分是固定的字符串 1125。而_0x44edf3["substr"](-0x2)中的_0x44edf3 是 new Date()["getTime"]()["toString"](),所以 0x44edf3["substr"](-0x2)的含义是取现行时间戳的后两位。接下来搜索$strlen赋值的地方,找到如下关键代码:

```
this["$strlen"] = Math["floor"](Math["random"]() * 0x5) + 0x5;
```

$strlen 也是随机生成的。该行代码与之前的 this["$clientid"]处于同一个函数中,因此可以猜测该值也是在刷新网页时才重新生成。更换验证码发现该值并不改变,刷新网页发现该值改变,因此猜想是正确的。

接下来分析 data 参数中最关键的部分:_0x2465df["join"]('')。join 是数组的方法,数组中加入成员通常使用 push 方法,因此可以尝试搜索_0x2465df["push"]来找到加入成员的地方。关键代码如下:

```
_0x974ca9["each"](_0x5bf942, function (_0x4184e0, _0x429229) {
    var _0x1405d0 = _0x974ca9(this)["attr"]('id');
    _0x2465df["push"](_0x1405d0["replace"]("object_", ''));
});
```

该 JS 文件中还使用了 jQuery,这里的_0x974ca9["each"]是 jQuery 提供的方法 $.each。each 方法用来遍历数组,它的第一个参数接收一个数组,第二个参数接收一个匿名函数。在该数组遍历过程中,会将数组成员的索引传给匿名函数的第一个参数,会将数组成员传给匿名函数的第二个参数。从上述代码中可以看出,使用 each 方法遍历_0x5bf942 数组,加入到_0x2465df 数组的成员是将_0x1405d0 中的 object_ 替换为空后的值。_0x1405d0 来自_0x974ca9(this)中的 id 属性。在动态调试状态下，可以直接选中这部分代码，Chrome 开发者工具会计算这个值，如图 11-3 所示。注意，断点必须设置在这部分代码的作用域范围内。

图 11-3　查看表达式信息

从图 11-3 中可以看出，_0x5bf942 数组中有两个成员，因此会循环两次，该数组中存放的是两个 div 元素。_0x974ca9(this)会获取_0x5bf942 数组中对应的成员。由于断点设置在 data 提交的地方，因此这个循环已经结束，_0x974ca9(this)计算得到的实际上是_0x5bf942 数组中下标为 1 的成员。单击显示出来的成员，因为是一个 HTML 元素，所以会跳转到 Elements 面板，如图 11-4 所示。

图 11-4　Elements 面板

从图 11-4 中可以看出，它是一个 div 元素，并且 id 为 object_0278212318。选中该元素后，会发现它对应验证码中的其中一个选项。即当单击验证码选项后，会获取对应元素的id，存放到数组中。最后提交时，把数组中的每个成员中的 object_ 都替换成空，然后与各种值拼接就得到 data 的值。id 值的来源有两种情况：服务器返回；JS 生成。该案例中是由 JS 生成的，在 JS 文件中搜索 object_，找到关键代码如下：

```
_0x974ca9["each"](_0x5283c1, function (_0x4b8168, _0x27f645) {
    _0x54639d[" $ hmdata"]["object_" + _0x27f645['id']] = 0x1;
    _0x4cc8d1["push"]("< div >< div id = \"object_" + _0x27f645['id'] + "\" class = \"button white\">< canvas width = \"50px\" height = \"40px\" style = \"width:50px;height:40px\" id = \"btncanv_" + _0x4b8168 + "\"></canvas></div></div>");
});
```

从上述代码中可以看出，id 的值来自_0x27f645['id']。这里是用 each 方法遍历数组，因此_0x27f645['id']实际上是从_0x5283c1 数组中获取。在动态调试状态下，鼠标悬停在

_0x5283c1 上,会显示该变量的值,如图 11-5 所示。

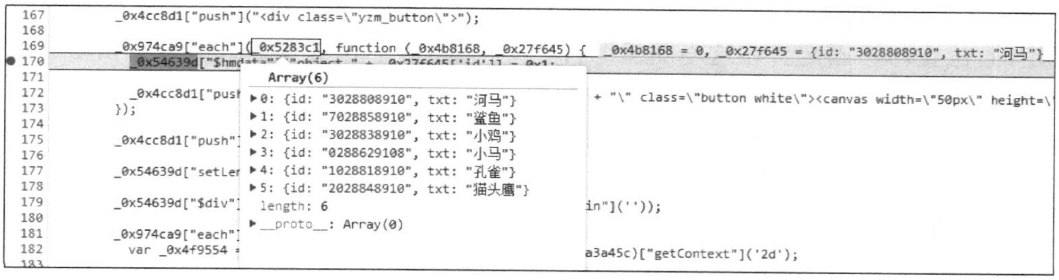

图 11-5 查看变量信息

从图 11-5 中可以看出,_0x5283c1 数组中每一个成员都是对象。对象中有两个属性：id 和 txt。txt 属性是服务器返回的验证码备选项(由于多次调试和重新获取验证码,因此这里的备选项与本章最开始的抓包并不一致)。属性 id 的值是怎么得到的呢？尝试搜索 _0x5283c1["push"],找到关键代码如下：

```
_0x974ca9["ajax"]({
    'url': "/yzmtest/get.php?t=" + new Date()["getTime"](),
    'type': "post",
    'data': {
        'clientid': _0x54639d["$clientid"],
        'username': _0x54639d["$username"]
    },
    ...
    'success': function (_0x4d7419) {
        ...
        _0x974ca9["each"](_0x4d7419["input"], function (_0x4c0d9a, _0xff7923) {
            _0x5283c1["push"]({
                'id': _0x54639d["getId"](_0x4c0d9a["toString"]()),
                'txt': _0xff7923
            });
        });
```

上述代码使用 each 方法遍历 _0x4d7419["input"] 数组,同时从本章最开始的抓包分析中可知,_0x4d7419["input"] 是服务器返回的备选项。_0xff7923 是数组中的成员,_0x4c0d9a["toString"]() 是把数组成员对应的索引转为字符串。也就是说,_0x5283c1 数组中的成员顺序与服务器返回的备选项 input 数组中的顺序是一致的。接着把数组索引传入 _0x54639d["getId"] 函数中,进行下一步处理。搜索 getId,找到该函数定义处,代码如下：

```
_0x41fffd["prototype"]["getId"] = function (_0x52f0c7) {
    var _0x4f672e = (Math["round"](Math["random"]() * 0x270f)["toString"]() + new Date()
["getTime"]()["toString"]()["substr"](0x4, 0xa) + Math["round"](Math["random"]() *
0x270f)["toString"]())["toString"]()["substr"](0x3, 0xa);
    return _0x4f672e["substr"](0x0, this["$strlen"] - 0x1) + _0x52f0c7 + _0x4f672e["
substr"](this["$strlen"], _0x4f672e["length"]);
};
```

从上述代码可知，函数体代码总共六行，前四行代码产生一个随机的字符串。后两行代码是对该字符串进行一系列的截取和拼接。但是传入的参数_0x52f0c7是固定的。它的值是固定的，位置却不固定。在这串随机字符串中，具体哪个是真实的数组索引由$strlen的值来决定，因此最后提交的data参数中也拼接了$strlen。其实data参数并没有加密，只是把选项对应的索引放到一串随机字符串中，以达到混淆的目的。

11.5 小结

还原JS代码之前，需要先弄明白原始代码中使用了哪些混淆手段。当各种混淆手段混合使用时，还原的顺序就显得尤为重要，如果还原的顺序不正确，就可能导致还原失败。一般情况下，应最先处理字符串解密，再还原标识符混淆。

11.6 习题

1. 用递归的方式实现5！(5的阶乘)。
2. 编写一段代码，用于检测代码是否格式化。
3. 将9.5.1节switch流程平坦化处理后的代码还原。

图书资源支持

感谢您一直以来对清华版图书的支持和爱护。为了配合本书的使用,本书提供配套的资源,有需求的读者请扫描下方的"书圈"微信公众号二维码,在图书专区下载,也可以拨打电话或发送电子邮件咨询。

如果您在使用本书的过程中遇到了什么问题,或者有相关图书出版计划,也请您发邮件告诉我们,以便我们更好地为您服务。

我们的联系方式:

地　　址:北京市海淀区双清路学研大厦 A 座 714

邮　　编:100084

电　　话:010-83470236　010-83470237

客服邮箱:2301891038@qq.com

QQ:2301891038(请写明您的单位和姓名)

资源下载: 关注公众号"书圈"下载配套资源。

书圈

获取最新书目

观看课程直播